WERKSTATTBÜCHER

FÜR BETRIEBSANGESTELLTE, KONSTRUKTEURE UND FACHARBEITER. HERAUSGEGEBEN VON DR.-ING. H. HAAKE, HAMBURG

Jedes Heft 50—70 Seiten stark, mit zahlreichen Abbildungen

Die Werkstattbücher behandeln das Gesamtgebiet der Werkstattstechnik in kurzen selbständigen Einzeldarstellungen: anerkannte Fachleute und tüchtige Praktiker bieten hier das Beste aus ihrem Arbeitsfeld, um ihre Fachgenossen schnell und gründlich in die Betriebspraxis einzuführen.

Die Werkstattbücher stehen wissenschaftlich und betriebstechnisch auf der Höhe, sind dabei aber im besten Sinne gemeinverständlich, so daß alle im Betrieb und auch im Büro Tätigen, vom vorwärtsstrebenden Facharbeiter bis zum leitenden Ingenieur, Nutzen aus ihnen ziehen können.

Indem die Sammlung so den Einzelnen zu fördern sucht, wird sie dem Betrieb als Ganzem nutzen und damit auch der deutschen technischen Arbeit im Wettbewerb der Völker.

Einteilung der bisher erschienenen Hefte nach Fachgebieten

I. Werkstoffe, Hilfsstoffe, Hilfsverfahren

II. Spangebende Formung

(Fortsetzung 3. Umschlagseite)

WERKSTATTBÜCHER
FÜR BETRIEBSANGESTELLTE, KONSTRUKTEURE UND FACHARBEITER. HERAUSGEBER DR.-ING. H. HAAKE, HAMBURG
HEFT 32

Die Brennstoffe

Ihre Einteilung, Eigenschaften und Verwendung

Von

Prof. Dr.-Ing. **Erdmann Kothny**
Wien

Zweite neu bearbeitete Auflage
(8. bis 13. Tausend)

Mit 9 Abbildungen
und 38 Tabellen im Text

SPRINGER-VERLAG BERLIN HEIDELBERG GMBH

1953

ISBN 978-3-540-01757-8 ISBN 978-3-642-86222-9 (eBook)
DOI 10.1007/978-3-642-86222-9
Reprint of the original edition 1953

Inhaltsverzeichnis.

Vorwort.

Das vorliegende Heft[1] soll einen Überblick über die in der Industrie, dem Gewerbe, der Landwirtschaft und dem Haushalt verwendeten Brennstoffe geben. Zu diesem Zweck werden Entstehung, Erzeugung, Eigenschaften und Verwertung der Brennstoffe beschrieben; dagegen ist es in dem engen Rahmen der Werkstatthefte ausgeschlossen, auch nur die wichtigsten Verfahren für die Verwertung der Brennstoffe und die dazu notwendigen Einrichtungen eingehend zu besprechen. Es sind daher nur die theoretischen Grundlagen der verschiedenen Arten der Brennstoffverwertung erörtert worden, an die sich ein Überblick über die einzelnen Verfahren anschließt. Das Heft enthält weiter auch alle Formeln und Angaben, die zur Berechnung und Beurteilung der Verbrennungs- und Vergasungsvorgänge sowie der theoretischen Flammentemperatur und des Wirkungsgrades der Feuerung und des Gaserzeugers notwendig sind.

I. Einleitung.

A. Erklärung des Begriffes Brennstoff.

Brennstoffe sind brennbare, natürliche oder künstliche, feste, flüssige oder gasförmige Stoffe, deren gebundene Wärme wirtschaftlich verwertet werden kann. Als brennbar wird derjenige Stoff bezeichnet, der, auf seine Entzündungstemperatur gebracht, unter Einwirkung des Sauerstoffes der Verbrennungsluft oder sonstiger Sauerstoffträger unter Flamm- oder Glutbildung in gasförmige Verbindungen und nicht brennbare Rückstände übergeht. Dieser Vorgang wird als Verbrennung im engeren Sinne angesprochen. Verbrennung im weiteren Sinne ist jede Oxydation. Von der großen Zahl der natürlichen und künstlichen brennbaren Stoffe werden jedoch nur diejenigen als Brennstoffe bezeichnet, die eine gewerbliche d. h. wirtschaftliche Ausnützung ihrer gebundenen Wärme zulassen. Diese Möglichkeit ist an folgende Bedingungen geknüpft: 1. Die Verbrennungsgase müssen unschädlich sein; 2. muß bei der Verbrennung eine so hohe Temperatur entwickelt werden, daß das für die Ausnützung der bei der Verbrennung frei werdenden Wärme notwendige Wärmegefälle entsteht; 3. der Brennstoff muß in ausreichender Menge entsprechend wohlfeil zur Verfügung stehen.

In der Regel werden nur die festen, flüssigen und gasförmigen Stoffe, die der Hauptsache nach aus einem Gemenge von sauerstofffreien und sauerstoffhaltigen Kohlenwasserstoffverbindungen bestehen, als Brennstoffe bezeichnet. Bei einzelnen technischen Prozessen wird zwar auch die Verbrennungswärme anderer Elemente praktisch verwertet, wie zum Beispiel die des Aluminiums in der Aluminothermie, oder die des Phosphors und Siliziums bei den Windfrischverfahren zur Stahlerzeugung (Thomas- und Bessemerverfahren), oder die des Schwefels bei der Pyritabröstung und dem Konverterverfahren zur Erzeugung von Kupfer; trotzdem werden diese Elemente nicht als Brennstoffe bezeichnet, da sie nur in diesem Sonderfall die Rolle eines solchen übernehmen.

B. Bedeutung der Brennstoffe für die Energieversorgung der Welt.

Um diese Frage zu beantworten, ist es notwendig, zu untersuchen: 1. welche Energiequellen uns zur Verfügung stehen, 2. wie ergiebig sie sind, 3. wie weit sie zur Deckung unseres Energiebedarfes herangezogen werden können.

In der Tabelle 1 sind die Unterlagen für die Beantwortung dieser Fragen wiedergegeben. Sie enthält einen Überblick über die uns von der Natur zur Verfügung gestellten Energiequellen, ihre Weltvorräte, bzw. ihre Weltjahresleistungen und ihre Anteile an dem derzeitigen Weltenergieverbrauch. Sämtliche Werte sind

[1] Die erste Auflage dieses Werkstattbuches ist 1927 erschienen.

Tabelle 1. *Energie-Weltvorräte, -Weltjahresleistungen, -Weltjahresverbrauch 1950, in N-Steinkohle (1 kg = 7000 kcal), Vor- und Nachteile der Energieträger.*

	Energieträger	Welt- Vorräte	Jahresleist.	Energieverbr.		Vorteile		Nachteile	
		10^9 t N-Steinkohle		10^6 t	Anteil				
Brennstoffe	Holz[1]	—	0,50	200,0	7,2	frei von schädlichen Bestandteilen		Werk- und Rohstoff	geringer Heizwert
	Torf	60,0	—	8,0	0,3	in ungestörten Zeiten in beliebiger Menge verfügbar, niedrige Anlagekosten u. kurze Bauzeit des Kraftwerkes	—	nur in endlichen Mengen verfügbar	
	Braunkohle jung / alt	1 267,0	—	120,0	4,1		hoher Heizwert		selbst entzündbar
	Steinkohle	4 930,0	—	1 492,6	51,3				
	Erdöl	18,7	—	723,9	24,8		sehr hoher Heizwert u. pyrometr. Effekt, in Leitung. lieferbar		feuergefährlich teuer
	Schieferöl[2]	31,5	—	0,7	—				
	Erdgas[3]	unbek.	—	155,0	5,3				
	Fermentat. Methan	—	—	0,2	—	sehr hoher Heizw. u. pyrometr. Effekt			Nebenerzeugn.
	Alkohol[4]	—	—	0,5	—	hoher Heizw. u. pyrometr. Effekt		teuer, chem. Rohstoff	
Naturkräfte	Atomkraft	unbek.	—	—	—	äußerst hohe Leistung je Gewichtseinheit		sehr hohe Anlagekosten, radioaktive Auswirkung	
	Erdwärme	unbek.	—	sehr gering	—	kostenlose Beistellung des Energieträgers unerschöpflich	—	—	
	Sonnenwärme[5]	—	170 000,0	sehr gering	—			Notwendigkeit der Anlage von Reserve-Kraftanlag.	unvorhersehbar verwertbar
	Windkraft		3 400,0	sehr gering	—		—		ger. sp. Gewicht
	Gezeiten- Wasserkraft	—	0,1	—	—		hoher Wirkungsgrad der Kraftanlage	hohe Anlagekosten, lange Bauzeit	—
	Fluß-[6] Wasserkraft	—	3,7	210,0	7,3				wechselnde Wasserführung
Summe		6307,2	173 404,3	2 910,9	100,0				

[1] Jahreszuwachs 1540 Mill. fm, [2] Weltvorrat 470 Mrd. t mit 22 Mrd. t Ölausbeute, [3] 141,5 Mrd. m^3, [4] Jahreserzeugung 3 Mill. t, [5] Sonneneinstrahlung je Std. 1164 kcal/m^2, [6] Leistung der Weltwasserkräfte bei durchschnittlichem Wasserstand und 0,5 Belastung 6,5 Billionen kWh, Leistung der derzeit ausgebauten Wasserkräfte bei durchschnittlichem Wasserstand und 0,5 Belastung 280 Mrd. kWh.

in Normal (N)-Steinkohle, deren unterer Heizwert 7000 kcal beträgt, ausgedrückt. Bei der Umrechnung der Wind- und der ausbaufähigen und der ausgebauten Fluß- und Gezeitenwasserkraft in N-Steinkohle wurde der Wirkungsgrad der Dampfkraftwerke mit 0,2 in Rechnung gestellt. Unter dieser Voraussetzung ist die kWh der Wasserkraft 0,63 kg N-Steinkohle gleichzusetzen. Die Tabelle enthält auch noch Angaben über die Vor- und Nachteile der einzelnen Energieträger.

Die Sonnenwärme, die Wind- und Wasserkraft, deren Jahresleistung den Weltenergieverbrauch um das Sechzigtausendfache übersteigt, sind unerschöpflich, da sie uns, solange Sonnenwärme auf die Erde ausstrahlt und der Mond das Wasser des Meeres anzieht, zur Verfügung stehen. Die Vorräte an Brennstoffen und an Uranerzen, mit deren Hilfe die Atomkraft vorderhand allein verwertet werden kann, haben dagegen nur einen endlichen Wert. Die Weltvorräte an Uranerz sind derzeit noch unbekannt. Von den Brennstoffen wird zwar das Holz durch das Wachstum der Bäume und Sträucher und der Torf durch die Vertorfung der abgestorbenen Pflanzen in Torfmooren alljährlich ergänzt, doch steht der jährliche Zugang in keinem Verhältnis zu dem Weltenergieverbrauch. Das Holz ist außerdem in erster Linie Bauwerkstoff und Rohstoff der organisch chemischen Großindustrie. Bezüglich der Verwertung der einzelnen Energiequellen liegen die Verhältnisse folgendermaßen.

Die Sonnenwärme und die Windkraft spielen heute in unserer Energiewirtschaft nur eine ganz untergeordnete Rolle. Die Sonnenwärme steht nur tagsüber bei wolkenlosem Himmel zur Verfügung, die Windkraft wechselt ständig in Stärke und Richtung. Solange die Frage ihrer wirtschaftlichen Speicherung noch ungelöst ist, kommen sie zur Deckung eines regelmäßigen Energiebedarfes nicht in Frage. Sie werden heute nur dort ausgenützt, wo es sich um einen an keine bestimmte Zeit gebundenen Energiebedarf handelt.

Die Gezeitenkraft, deren Ausnützung nur an wenigen Küstenplätzen mit günstigen Flutamplituden und Küstenformen in Betracht gezogen werden kann, wurde bisher infolge der hohen Anlagekosten der Gezeitenkraftwerke noch nicht verwertet. Es liegen jedoch schon eine Reihe von Projekten vor, die in den nächsten Jahren zur Ausführung gelangen dürften.

Von den Energieträgern, die auf die Einstrahlung der Sonnenwärme auf die Erde zurückzuführen sind, wird die Flußwasserkraft am weitgehendsten verwertet. Ihre im Laufe des Jahres ungleichmäßige Wasserführung bedingt die Errichtung von Stauwerken oder von kalorischen Reservekraftanlagen. Auch ohne diese sind die Anlagekosten für eine Wasser–Pferdekraft größer als jene für eine kalorische Pferdekraft. Das Wasserkraftwerk kann daher, obwohl ihm der Betriebsstoff kostenlos zur Verfügung steht, mit dem kalorischen Kraftwerk nur dann in Wettbewerb treten, wenn seine Leistungsfähigkeit genügend ausgenützt werden kann. Ist dies nicht möglich, so wird der Vorteil der niedrigen Betriebskosten der Wasserkraftanlage durch die Tilgung und Verzinsung der höheren Anlagekosten mehr als aufgewogen. Die wesentlich längere Bauzeit der Wasserkraftanlage hat außerdem zur Folge, daß bei ihr die Erträgnisse später als bei der kalorischen Anlage anlaufen.

Die Verwertung der Erdwärme kommt vorderhand nur an bestimmten Stollen der Erde in Frage. Die Ausnützung der Atomkraft für friedliche Zwecke wird in den nächsten Jahren ermöglicht werden.

Die günstigsten Bedingungen für die Deckung des Energiebedarfes ergeben sich heute noch immer bei den Brennstoffen. Sie stehen in ungestörten Zeiten jederzeit in der notwendigen Menge zur Verfügung. Kalorische Kraftanlagen sind außerdem billiger und rascher herstellbar als die Kraftanlagen zur Ausnützung der anderen Energieträger. Die Endlichkeit der Brennstoffvorräte, der steigende Preis der Brennstoffe, der zunehmende Energiebedarf bewirken jedoch, daß dem Ausbau der Wasserkräfte und der Lösung der Fragen der Verwertung der anderen dauernd zur Verfügung stehenden Energieträger das größte Augenmerk in immer stärkerem Ausmaße geschenkt wird.

Abb.1 gibt die Veränderungen wieder, die bezüglich des Weltenergieverbrauches und der Anteil der Brennstoffe und der Wasserkraft daran in dem Zeitraum von 1913 bis 1947 eingetreten sind. Gegenüber 1913 sind bis 1950 bei ihren Anteilen die folgenden Veränderungen eingetreten:

Jahr	Weltverbrauch 10^9 t N-Stk	Anteil in %						
		Steinkohle	Braunkohle	Holz	Erdöl	Erdgas	Brennst. in Sa.	Wasserkraft
1913	1703	71,4	2,7	17,6	4,5	1,4	97,6	2,4
1950	2911	51,3	4,1	7,2	24,8	5,3	92,7	7,3

Die Steinkohle steht noch immer an erster Stelle, ihr folgt das Erdöl, an dritter Stelle steht die Wasserkraft, der sich das Holz, weiter das Erdgas und an letzter Stelle die Braunkohle anschließen. In Deutschland verteilte sich der Energieverbrauch des Jahres 1937 wie folgt: Steinkohle 65,4%, Braunkohle 26,1%, Holz 2,1%, Erdöl 2,2, Wasserkraft 3,7%. In USA wurden im Jahre 1947 47,5% des Energieverbrauches durch Steinkohle, 31,9% durch Erdöl, 10,7% durch Erdgas und 9,9% durch Wasserkraft gedeckt.

Abb. 2 gibt die Entwicklung der Weltförderung an Braun-, Steinkohle, Erdöl, Erdgas, des Weltbrennholz- und des Weltenergieverbrauches, ausgedrückt in N-Steinkohlen wieder. Bis 1913 ist der steile Anstieg des Weltenergieverbrauches auf die rasche Zunahme der Steinkohlenförderung zurückzuführen, seither ist das Anwachsen der Erdölförderung in erster Linie daran beteiligt.

Bezüglich der Verteilung der Weltvorräte an Stein-, Braunkohlen und Erdöl und deren Förderung im Jahre 1950 ergibt sich das folgende Bild[1]:

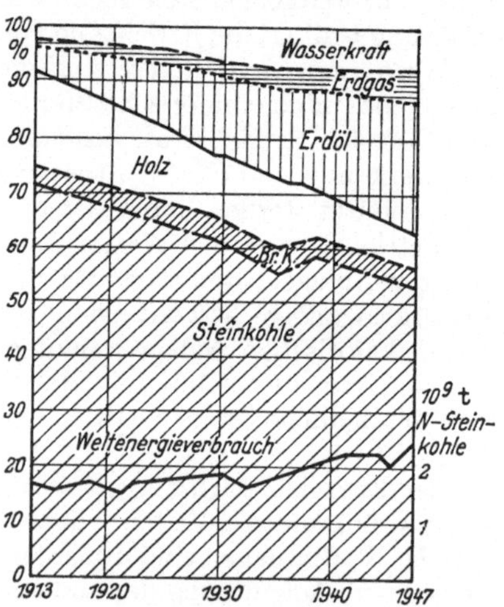

Abb. 1. Weltenergieverbrauch, Anteil der einzelnen Energieträger.

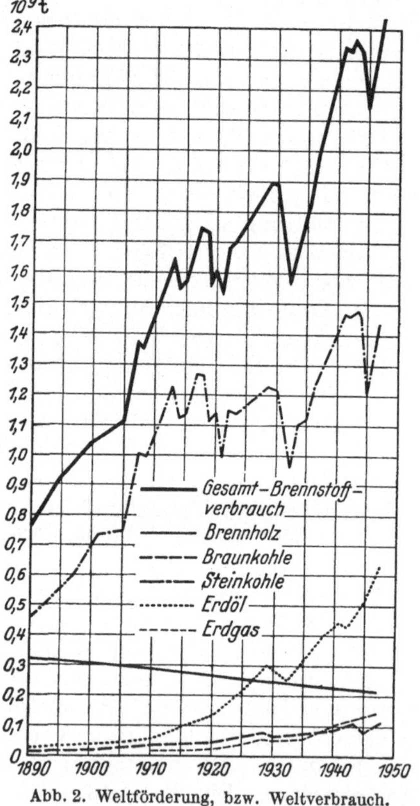

Abb. 2. Weltförderung, bzw. Weltverbrauch.

Steinkohle: Weltvorräte und Förderung 4934 (100%), 1,49; *Amerika* 2245 (45,5%), 0,52, — USA 1970 (39,92%) 0,505, Kanada 243 (4,92%), 0,015, — *Asien* 1469 (29,79%), 0,12, — asiat. Rußland 1,007 (20,41%) 0,035, China 370 (7,7%) 0,018, Indien 76 (1,54%) 0,032, Japan 16,7 (0,33%) 0,038, — *Europa* 885 (17,95) 0,79, — Deutschland (1938) 275 (5,57%) 0,13, Großbritannien 200 (4,05%) 0,22, Polen 170 (3,45%) 0,078, eur. Rußland 165 (3,34%) 0,22, Tschechoslowakei 24 (0,49%), 0,019, Frankreich u. Saarland 16,6 (0,34%) 0,065, Belgien 12 (0,24%) 0,027, — *Afrika* 200 (4,06%), 0,029; Ozeanien 134 (2,7) 0,018.

[1] Die erste nicht eingeklammerte Zahl entspricht den Vorräten, die zweite Jahresförderung 1950, beide sind in 10^9 t N-Steinkohle ausgedrückt. Die Zahl in der Klammer gibt den Anteil an den Vorräten in Prozenten wieder.

Braunkohle: Weltvorräte und -Förderung 1267 (100%) 0,12; *Amerika* 1,209 (95,4%) 0,004, — USA 805 (63,6%) 0,002, Kanada 404 (31,8%) 0,001; *Europa* 34,3 (2,7%) 0,111, — Deutschland (1938) 23 (1,8%) 0,064, Tschechoslowakei 8,4 (0,66%) 0,019, eur. Rußland 0,73 (0,05%) 0,017; *Ozeanien* 15,1 (1,19%) 0,004; *Asien* 7,05 (5,5%) 0,0013; *Afrika* 0,5 (0,04%).

Erdöl: Weltvorräte und -Förderung 19,6 (100%) 0,724; *Amerika* 9,9 (40,5%) 0,53, — USA 6,3 (32,15%) 0,38; *Asien* 7,6 (38,7%) 0,12, vorwiegend in Arabien, Irak und Persien; Europa 1,85 (9,44%) 0,073, eur. Rußland 1,7 (8,8%) 0,07; *Afrika* 0,25 (1,3%) 0,003.

Die ausbaufähigen Flußwasserkräfte, deren Jahresleistung in N-Steinkohlen ausgedrückt $3{,}7 \cdot 10^9$ t beträgt und damit den derzeitigen Weltenergieverbrauch übersteigt, sind erst zum geringsten Teil ausgebaut. Nur in wenigen Staaten liegt die Jahresleistung der ausbaufähigen Wasserkräfte über ihrem Energieverbrauch. Die Vollausnützung der Wasserkräfte der einzelnen Staaten setzt daher die Errichtung von internationalen Verbundnetzen voraus.

Zweidrittel des Weltenergieverbrauches werden zur Wärmeerzeugung, ein Drittel wird zur Erzeugung von mechanischer Energie verwendet. Beim Erdöl ist der Anteil an der Gewinnung von mechanischer Energie zwar bedeutend höher, dafür wird das Holz nahezu ausschließlich zur Wärmeerzeugung herangezogen. Der jährliche Verbrauch an Energie je Kopf der Bevölkerung der Erde beträgt 1,4 t N-Steinkohle; in den USA entfallen auf den Einwohner 7 t, in Großbritannien 4 t, während in Deutschland im Jahre 1937 je Einwohner 3,5 t N-Steinkohle verbraucht wurden.

C. Einteilung der Brennstoffe.

Die Brennstoffe werden in die Hauptgruppen der natürlichen oder rohen und der künstlichen oder veredelten Brennstoffe eingeteilt. Jede dieser Hauptgruppen gliedert sich in die Gruppe der festen, flüssigen und gasförmigen Brennstoffe. Tabelle 2 gibt einen Überblick über die Untergruppen und Arten der Brennstoffe der einzelnen Gruppen. Die künstlichen Brennstoffe sind Haupt- oder Nebenerzeugnisse der Veredelung der natürlichen Brennstoffe. In der Tabelle sind die künstlichen Brennstoffe, welche bei der Veredelung der natürlichen Brennstoffe als Nebenerzeugnisse gewonnen werden, durch Sperrdruck kenntlich gemacht. Die Verwendung der künstlichen Brennstoffe, die Haupterzeugnis sind, ist von der Höhe der Förderung und der Vorräte der Ausgangsbrennstoffe abhängig. Der Verbrauch der künstlichen Brennstoffe, die Nebenerzeugnisse der Veredelung der natürlichen Brennstoffe sind, ist an die zur Veredelung gelangende Menge des Ausgangsbrennstoffes gebunden.

II. Feste Brennstoffe.

A. Allgemeines.

1. Entstehung der fossilen[1] Brennstoffe. Die natürlichen festen Brennstoffe sind Holz, Torf, Braun- und Steinkohle. Torf und Kohlen sind fossil als Zersetzungsprodukte von abgestorbenen Pflanzen und Tieren. Den Hauptanteil daran haben die Pflanzen. POTONIÉ teilt die Kohlen (brennbare Gesteine oder Kaustobiolithe) nach ihrer Herkunft ein in: 1. Humusgesteine oder Humolithe, die ihre Entstehung nur Pflanzen verdanken, 2. Sapropelithe oder Faulschlammgesteine, die sowohl aus Fett und Eiweiß niederer Pflanzen (Algen) und den Pollen, Sporen und Kutikeln

[1] fossil = versteinert, vorweltlich.

Tabelle 2. *Natürliche und künstliche Brennstoffe.*

Gruppe	natürliche Br. Untergruppe	H_u[1] kcal/kg	künstliche Brennstoffe Untergruppe u. Art	H_u[1] kcal/kg	Herstellung
feste Brennstoffe	Holz, lufttrocken	2800 bis 3800	Holzkohle	6500—7500	Verschwelung des Holzes
	fossile Br. St.: Torf	3300 bis 4500	Torfkoks	6500—7000	Verschwelung des Torfes
	fossile Br. St.: Braunkohle	2000 bis 6000	Trockenkohle	4500	künstl. Trocknung
			Braunkohlenbriketts	4500—6000	Trocknung und Brikettierung
			Braunkohlenstaub	4500—6000	Trocknung und Vermahlung
			Grudekoks	5000—6000	Verschwelung der Schwel-Braunkohlen
	fossile Br. St.: Steinkohle	6500 bis 8000	Steinkohlenbriketts	6500—8000	Brikettierung d. Feinkohlen
			Steinkohlenstaub	6500—8000	Trocknung und Vermahlung
			Halbkoks	6500—7000	Verschwelung d. jüng. St. K.
			Gaskoks	7000—7500	Verkokung der Gaskohle
			Zechenkoks		Verkokung der Kokskohle
flüssige Brennstoffe	Erdöl	9 500 bis 10 500	Leichtöl	10160	stufenweise Destillation des Erdöles: bis 170°
			Leuchtöl	10500	170—280°
			Gas-, Treib-, Schmieröl	10200	280—350°
			Heizöl (Masut)	10700	über 350°
	Ölschiefer	—	Schieferöl	9800	Verschwelung d. Ölschiefers
	—	—	Braunkohlenteer	8600—9400	Verschwelung von Schwel-Br. K.
			Urteer	9500	Verschwelung von jüng. Steink.
			Steinkohlenteer: Gasteer	8500	Verkokung von Gaskohle
			Steinkohlenteer: Koksteer	8800	Verkokung von Kokskohle
			Hydrier-Öle	über 10000	Hochdruckhydr. v. Braun-Steinkohle, Schwelteer, Kohlenextr. u. Erdölrückst.
			Synthetische Öle	über 1000	aus CO u. 2 H_2
			Alkohol	6400	Gärung v. Kohlenhydraten und synthetisch.
gasförmige Brennstoffe	Erdgas	bis 8500	Flaschen-Erdgas	bis 8550	Verdichtetes Erdgas
	—	—	Reichgase (Entgasungsgase): Schwelgase	3800—6900	Verschwelg. d. festen Br. St.
			Reichgase: Leuchtgas	5000	Verkokung von Gaskohle
			Reichgase: Koksofengas	4800	Verkokung von Kokskohle
			Vollgase: Koks-Wasserg.	2600	Vergasung fester Brennstoffe: Koks mit Wasserdampf
			Vollgase: Kohle-Wasserg.	2800	Vergasung fester Brennstoffe: Kohle mit Wasserdampf
			Oxygas	4200	Vergasung fester Brennstoffe: mit O u. H_2O u. Druck
			Schwachgase: Luftgase	900—1150	Vergasung fester Brennstoffe: mit Luft allein
			Schwachgase: Mischgas I	1140—1450	Vergasung fester Brennstoffe: mit Luft u. wenig H_2O
			Schwachgase: Mischgas II	1100—1400	Vergasung fester Brennstoffe: mit Luft u. viel H_2O
			Flaschengase: Flüssiggas: Propan	22350	Spaltgase der Hochdruckhydrierung u. der Krackverfahren
			Flaschengase: Flüssiggas: Propyl.	21070	
			Flaschengase: Flüssiggas: Butan	29510	
			Methan	8550	Fermentation d. Abwässer
			Dissousgas	13000	Zersetzung von Ca C_2
			Wasserstoff	2560	Zersetzung v. H_2O

[1] Anmerkung: H_u für *gasförmige* Brennstoffe in kcal/Nm³ (Normal-m³, d. h. bei 0° und 700 mm Hg).

von Land und Sumpfpflanzen als auch aus Tieren entstanden sind. Sie weisen einen hohen Gehalt an Abbauprodukten der Fett- und Eiweißstoffe (Bitumen) auf, 3. Liptobiolithe oder harz- und wachsartige Gesteine, die meist unzersetzt oder weniger zersetzt aus den Harzen und Wachsen der Pflanzen hervorgegangen sind. Ob bei der Umwandlung der Pflanzenreste in Humusgesteine, die als Inkohlung bezeichnet wird, wie es POTONIÉ und auch BERGIUS annehmen, auch die Zellulose beteiligt war, oder ob die Zellulose dabei durch bakterielle Tätigkeit vollkommen zerstört und nur das Lignin zunächst in Huminsäuren und dann in die alkalisch löslichen Huminstoffe der Braunkohle und schließlich in die Kohlensubstanz der Steinkohle umgewandelt wurde — Lignintheorie von FISCHER und SCHRADER —, ist eine Frage, die auch die moderne Wissenschaft noch nicht eindeutig zu beantworten vermag. Der Verlauf der Inkohlung der Pflanzenreste ist chemisch gekennzeichnet durch eine Abspaltung von im Molekülaufbau weniger fest gebundenen organischen Gruppen unter Austritt von Wasser, Kohlensäure und Methan, wobei die Rumpfmoleküle unter Bildung von größeren Molekülen (Kondensationsvorgang) bei Aufrechterhaltung ihrer Benzolstruktur zusammentreten. Die Abspaltung von CO_2 und H_2O ist heute noch in den Braunkohlenflözen als „schwere Wetter" zu beobachten.

Die fett- und eiweißhaltigen Bestandteile des Faulschlammes der Torfmoore und die Harze und Wachse der Pflanzenreste, die nicht nur bei der Vertorfung und Fäulnis der Pflanzen sondern auch bei ihrer Verwesung oder Vermoderung zurückbleiben, unterlagen der Bituminierung. Sie verloren dabei einen Teil ihres Sauerstoffes, während ihr Wasserstoffgehalt unverändert blieb. Sie gingen in Kohlenwasserstoffe über und ergaben damit den Bitumengehalt der Kohle. Bei den älteren Steinkohlen, ab der Gaskohle, unterlag und unterliegt das Bitumen auch noch einer Inkohlung, die mit einer Abspaltung von Methan verbunden ist, „schlagende Wetter" der Steinkohlenflöze. Tabelle 3 gibt den Aufbau des Holzes und der fossilen Brennstoffe wieder, sie läßt die Veränderungen erkennen, welche das Holz im Laufe seiner Inkohlung erfährt.

Tabelle 3. *Bestandteile der festen Brennstoffe.*

Bestandteil	% Anteil im				
	Holz	Torf	Braunkohle	Steinkohle	Anthrazit
Zellulose	33—70	15—0	—	—	—
Pentosen u. Zucker	14—29	10—5	—	—	—
Lignin (Holzstoff)	23—53	40—6	27—2	—	—
Wachs u. Harz	0,2—21	15—13	25—3	0,1—6,2	—
Huminsäuren	—	40—60	98—1,8	—	—
Humine (Erdstoffe)	—	0—10	2—70	3—2	—
Schwefel	Spur.	0,1—0,2	0,07—1,0	0,04—1,4	0,2—1
Stickstoff	0,04—0,1	0,7—3	0,4—2,5	0,6—2,8	0,2—1,5
Restkohle *)	—	—	0,07—10	86—97	98—99

* Rückstand nach der Behandlung des Brennstoffes mit Benzol, Ammoniak (Lösungsmittel für die Huminsäuren) und 20%iger Kalilauge (Lösungsmittel für die Humine).

Nach den Ergebnissen der Untersuchung von ERDMANN sind die Braun- und Steinkohlen als die Endglieder verschiedener Entwicklungsreihen anzusehen, d. h. es kann aus demselben Ausgangsstoff Braun- oder Steinkohle entstehen. Was entstanden ist, hing bloß an den Umständen, unter welchen die Kohlenbildung vor sich gegangen ist. Der Inkohlungsprozeß führt über Torf zuerst zur Braunkohle. Es wird dabei ein Gleichgewichtszustand erreicht, der, wenn nicht als weitere Faktoren noch Druck und höhere Temperatur hinzukommen, unveränderlich ist. Ist dies der Fall, so geht die Braunkohle in Steinkohle über.

Die Braunkohlen und zwar auch die ältesten, die als Glanzkohle äußerlich der Steinkohle gleichen, unterscheiden sich gegenüber den Steinkohlen erstens dadurch, daß sie bei der trockenen Destillation stets sauere flüchtige Produkte ergeben, während jene der Steinkohlen stets basisch reagieren. Zweitens werden die Braunkohlen von heißer Kalilauge teilweise gelöst, während dies bei den Steinkohlen nur ausnahmsweise der Fall ist. Drittens entwickeln die Braunkohlen bei der Behandlung mit Salpetersäure bei Wasserbadwärme reichlich Gas, wogegen dies bei den Steinkohlen bei dieser Temperatur noch nicht der Fall ist. Die Braunkohle hat außerdem einen braunen Strich und einen muscheligen oder erdigen Bruch, während der Strich der Steinkohle stets grauschwarz bis schwarz und ihr Bruch ebenflächig ist.

Die Kohlebildung ist zumeist an dem Ort des Wachstumes der Pflanzen vor sich gegangen (autochthones oder bodeneigenes Entstehen). Es liegt jedoch auch die Möglichkeit vor, daß die Pflanzenreste durch Meeresströmungen und Überschwemmungen, die durch geologische Vorgänge hervorgerufen wurden, an den Kohlenlagerstätten zusammengetragen wurden (allochtone oder bodenfremde Kohlenbildung).

2. Zusammensetzung der festen Brennstoffe. Die festen Brennstoffe setzen sich zusammen aus:

a) dem Reinbrennstoff, das ist seine organische Substanz,

b) seinem Wassergehalt oder seiner Feuchtigkeit und

c) seinen mineralischen oder anorganischen Bestandteilen.

a) *Der Reinbrennstoff* baut sich aus *O*-, *H*-, *N*- und *S*-haltigen Kohlenstoffverbindungen mit Benzolstruktur auf. Der Gesamtgehalt an Wasserstoff (H) wird in den frei verfügbaren oder disponiblen Wasserstoff (H_d) und den gebundenen Wasserstoff unterteilt. Der disponible Wasserstoff

$$H_d = H - \frac{O}{8},$$

worin H = Gesamtgehalt an Wasserstoff, O = Sauerstoffgehalt des Rein-Brennstoffes in Gewichtsprozenten. Es wird dabei angenommen, daß der gesamte Sauerstoff des Brennstoffes an den Wasserstoff gebunden ist. Auf Grund der Tatsache, daß sowohl für den Heizwert, als auch für den Sauerstoffbedarf bei der Verbrennung nur der Kohlenstoffgehalt und der Gehalt an H_d maßgebend sind, wird verschiedentlich das Verhältnis H_d/C zur Kennzeichnung der Brennstoffe herangezogen. Brennstoffe mit gleichen H_d/C können für die Berechnung der Verbrennung und Vergasung gleich behandelt werden. Der Stickstoff- und der Schwefelgehalt des Reinbrennstoffes ist gering. Der Charakter des Reinbrennstoffes wird für die meisten Verwendungszwecke durch seinen C-, H- und O-Gehalt gekennzeichnet. Er kann in einem gleichseitigen Dreieck, dessen Eckpunkte dem C, H und O zugewiesen sind, ausreichend genau und übersichtlich dargestellt werden. H. A. Apfelbeck hat durch diese Darstellung einen systematischen und vollständigen Überblick über die Reinsubstanz sämtlicher Brennstoffe geschaffen. Abb. 3 zeigt die Lage der Reinsubstanz der typischen Vertreter der festen Brenn-

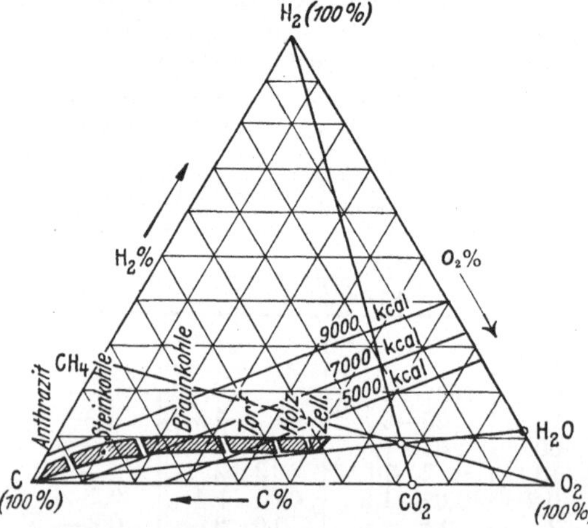

Abb. 3. Lage der festen natürlichen und künstlichen Brennstoffe im C–H–O-Diagramm nach Apfelbeck.

stoffe von der Zellulose ausgehend über Holz, Torf, junge und alte Braunkohle, Steinkohle bis zu den Anthraziten im C–H–O–Dreistoff-Diagramm. Sie liegen innerhalb eines schmalen stetigen Streifens, dessen Mittellinie von APFELBECK als Inkohlungslinie bezeichnet wird. In der Abbildung sind auch noch die jeweils auf 1 kg Rein-Brennstoff bezogenen Heizwerte in kcal eingetragen. Abb. 4 gibt nach MITSCHE noch den Verlauf des Verhältnisses H_d/C längs der Inkohlungslinie wieder.

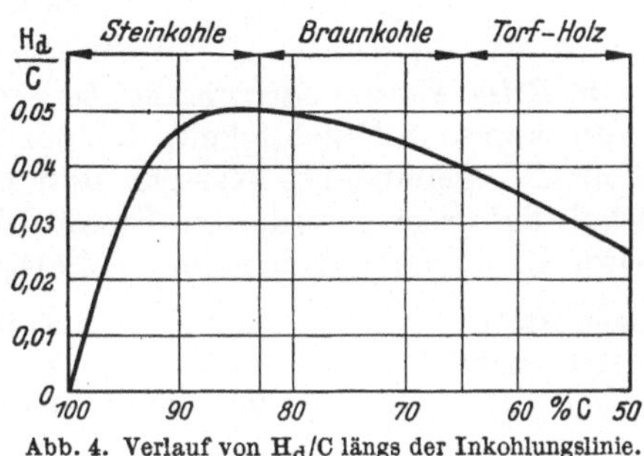

Abb. 4. Verlauf von H_d/C längs der Inkohlungslinie.

Der O-, H-, N- und S-Gehalt des Rein-Brennstoffes haben zur Folge, daß er beim Erhitzen unter Luftabschluß durch Entweichen von Wasserdampf, Gas (CO_2, CO, H_2, CH_4, NH_3) und Teer, die seine flüchtigen Bestandteile ergeben, entgast wird, während der fixe Kohlenstoff (Koks) einschließlich der anorganischen Substanz zurückbleibt. Die mit dem geologischen Alter des Brennstoffes fallenden O-und H-Gehalte haben zur Folge, daß mit dem steigendem Alter des Brennstoffes die Ausbeute an flüchtigen Bestandteilen fällt, während jene an Koks ansteigt. Es ändert sich aber nicht nur ihre Menge, sondern auch ihre Beschaffenheit. Tabelle 4 gibt einen Überblick über diese Verhältnisse bei den einzelnen Brennstoffen. Sie

Tabelle 4. *Beschaffenheit der festen Rein-Brennstoffe.*

Brennstoff			Rein-Brennstoff: Härte	spez. Gew.	Zusammensetzung %: C	O	H: H	H: H_d	N	S	H_u kcal/kg	flüchtiger Bestandteil: %	Gas- und Flammen-Beschaffenheit	Koks-Rückstand: Beschaffenheit
Holz			—	1,15	52	41	6	0,9	1	—	4400	75	Gas matt, lange Fl.	kompakt, stark porös
Torf			weich	1,2	60	32	6	2,0	1,7	0,3	5400	70		kompakt, porös
Braunkohle	lign. u. erdig		weich	1,2	65	28,8	5,3	1,7	0,6	0,3	6100	61 bis 40	Gas matt, lange, stark rußende Flamme	feinkörnig zerfallen
Braunkohle	Matt-u. Glanzk.		weich hart	1,2	72,4 74,5	20,0 18,8	5,7 5,2	3,2 2,85	1,3 1,0	0,6 0,5	7000 7100			
Steinkohle	trokkene Kohle	Flamm-Kohle	sehr hart	1,25	82	10,0	5,5	4,25	1,5	1,0	7800	45 bis 40	Gas matt, lange, leuchtende Fla.	sandig bis sinternd
Steinkohle	halbfette Kohle	Gasflammkohle	hart	1,3	84,0	8,8	5,2	4,1	1,0	1,0	7900	40 bis 55	Gas matt, lange, leuchtende Fla.	backend mit Blähungen
Steinkohle	fette Kohle	Gaskohle	hart	1,3	86,0	6,3	5,0	4,2	1,6	1,1	8100	35 bis 30	Gas fett, lange, leuchtende Fla.	backend
Steinkohle	spez. fette Kohle	Kokskchle	bröckelnd	1,3	89,0	4,0	4,8	4,3	1,2	1,0	8300	30 bis 19	Gase, fett, lange, stark leucht. Fl.	kompakt backend
Steinkohle	halbfette Kohle	Eßkohle	hart	1,3	90	2,8	4,3	3,95	1,5	1,4	8400	19 bis 12	Gas halbfett kurze, wg. leucht. Fl.	backend bis sinternd
Steinkohle		Magerkohle	hart	1,35	92	2,6	3,4	3,1	1,4	0,6	8200	12 bis 9	Gas mager kurze, nicht leuchtende Flamme	sinternd bis sandig
Steinkohle		Anthrazit	sehr hart	1,4	94	2,1	2,3	2,0	1,0	0,6	8200	9 bis 7		sandig
Graphit			weich	2,3	100	—	—	—	—	—	8100	0	—	—

gibt auch noch den unteren Heizwert des jeweiligen Reinbrennstoffes wieder, der mit Abnahme des O-Gehaltes, der ein Ballaststoff ist, ansteigt. Wird aus dem C-, H- und O-Gehalt eine Molekularformel berechnet, so ergeben sich beispielsweise die folgenden Formeln:

Torf	$C_{24}H_{28}O$,
Gaskohle	$C_{21}H_{18}O_2$,
Anthrazit	$C_{60}H_{15}O$,

b) *Beim Wasser- oder Feuchtigkeitsgehalt* des Brennstoffes unterscheidet man die hygroskopische Feuchtigkeit, d. i. der Wassergehalt des lufttrockenen Brennstoffes (kolloidal gebundenes Wasser), und den darüber hinausgehenden Feuchtigkeitsgehalt des frisch geförderten Brennstoffes, der als grobe Feuchtigkeit bezeichnet wird. Die Feuchtigkeitsgehalte (% H_2O) liegen in den folgenden Grenzen:

Brennstoff	Holz	Torf	Braunkohle	Steinkohle	Anthrazit
lufttrocken	10—20	20—25	5—20	1—6	0—2
frisch gefördert	20—60	75—20	60—15	20—2	0—3

c) *Die mineralischen Bestandteile* bleiben bei der Verbrennung des Brennstoffes als Asche zurück. Sie setzen sich zusammen aus den mineralischen Bestandteilen des ursprünglichen Stoffes, den Ablagerungen von Schlamm, Sand und anderen mineralischen Bestandteilen in den Stätten der Bildung der fossilen Brennstoffe, die beide als „innere Asche“ bezeichnet werden, und dem an der Kohle haftenden tauben Gestein, das die „Betriebsasche“ ergibt. Die Aschengehalte der einzelnen Flöze einer Kohlengrube sind in bezug auf Menge und Zusammensetzung nicht gleich, es können selbst in jedem ihrer Flöze diesbezügliche Unterschiede auftreten. Die mineralischen Bestandteile sind Tone, Silikate des Eisens, Calciums, Magnesiums, freie Kieselsäure, ferner können Phosphate, bei den Braunkohlen auch Sulfate (Gips und Natriumsulfat) auftreten. Die Braun- und Steinkohlen enthalten weiter Pyrit (FeS_2), der durch Reduktion von Sulfaten des Grundwassers entstanden ist. Die Asche des Brennstoffes wird nach ihrem Schmelzpunkt als leichtflüssig (unter 1200°), flüssig (1200—1300°), strengflüssig (1350—1500°), sehr strengflüssig (über 1500°) und als feuerfest (über 1650°) bezeichnet. Der Schmelzpunkt der Asche hängt nicht nur ab von dem Verhältnis der Kieselsäure und Tonerde zu den anderen Oxyden, sondern auch von dem oxydischen oder reduzierenden Charakter der Atmosphäre der Feuerungsstelle. Der Aufbau der festen Brennstoffe ist in Abb. 5 allgemein wiedergegeben. Abb. 6 gibt noch einen Überblick über die Grenzen der Zusammensetzung der festen, lufttrockenen Brennstoffe in bezug auf hygroskopische Feuchtigkeit, flüchtige Bestandteile, Koksrückstand und Asche.

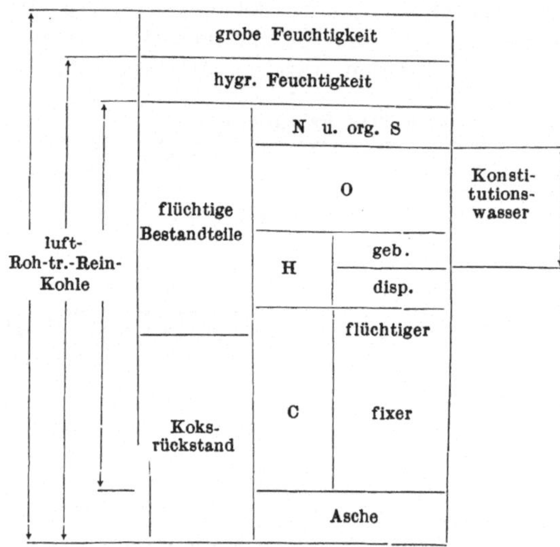

Abb. 5. Aufbau der festen Brennstoffe.

Die Feuchtigkeit und die Asche verändern den inneren Charakter des Brennstoffes nicht, sie setzen jedoch seinen Heizwert und seine Entzündungsfähigkeit herab. Die Feuchtigkeit drückt als Ballast der Heizgase die Flammentemperatur und damit den pyrometrischen Effekt und den wärmewirtschaftlichen Wirkungsgrad des Brennstoffes herab. Verschlackt die Asche bei der Verbrennung oder der Vergasung des Brennstoffes, so erhöht sie einerseits durch Einschließen von unverbranntem Brennstoff den Rostdurchfall, andererseits verhindert sie dann den gleichmäßigen Durchgang der Luft durch das Brennstoffbett. Bei der Verbrennung wird dadurch Luftüberschuß und unvollkommene Verbrennung herbeigeführt, bei der Vergasung hat der ungleichmäßige Luftdurchgang Oberfeuer und damit teilweise Verbrennung des Gases im Gaserzeuger zur Folge. Beide Auswirkungen der verschlackenden Asche erniedrigen den wärmewirtschaftlichen Wirkungsgrad der Feuerung und des Gaserzeugers. Bei Rostfeuerungen hat der Aschengehalt den Vorteil, daß die Asche den Rostbelag vor zu hohen Temperaturen und unmittelbarem Schlackenangriff schützt.

Von den Bestandteilen des Brennstoffes ist der Schwefel von besonderer Bedeutung. Der organisch gebundene Schwefel und der Pyritschwefel ergeben den flüchtigen Schwefel, der bei der Verbrennung zu SO_2 verbrennt, während der Sulfatschwefel in der Asche zurückbleibt. Werden die Abgase bis unter die Kondensationstemperatur der schwefligen Säure abgekühlt, so bewirkt sie an den metallischen Vorwärmern Korrosionen. Wird der Brennstoff für metallurgische Zwecke verwendet, so wird der flüchtige unverbrannte Schwefel von der metallischen Schmelze oder dem metallischen festen Einsatz teilweise aufgenommen, wodurch ihre Güte verschlechtert wird. Kommt der Brennstoff, wie es im Hochofen und Gießereischachtofen der Fall ist, mit dem metallischen Einsatz unmittelbar in Berührung, so ist nicht nur der flüchtige, sondern der Gesamtschwefelgehalt des Brennstoffes von Bedeutung.

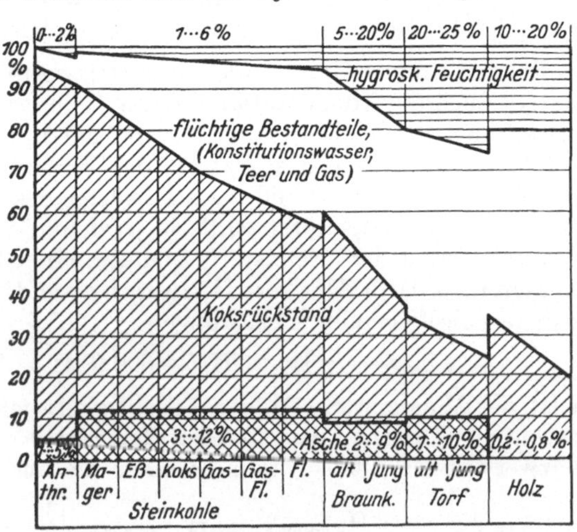

Abb. 6. Grenzen der Zusammensetzung der festen lufttrockenen Brennstoffe.

Die Zusammensetzung des Brennstoffes wird durch seine Elementaranalyse festgestellt. Durch die Schnellanalyse wird seine Feuchtigkeit, die Menge seiner flüchtigen Bestandteile, seines Koksrückstandes und seiner Asche bestimmt. Die Untersuchung der festen Brennstoffe ist in den folgenden Normen festgelegt:

DIN 51 700: Übersicht über Untersuchungsverfahren, Allgemeines,
DIN 51 701: Probenahme u. Probenaufbereitung v. körnigen Brennstoffen,
DIN 51 702: Probenahme u. Probenaufbereitung v. staubförmigen Brennstoffen,
DIN 51 704: Bestimmung d. Korngrößen v. staubförmigen Brennstoffen,
DIN 51 708: Bestimmung d. Verbrennungswärme und d. Heizwertes,
DIN 51 712: Bestimmung d. Trommelfestigkeit d. Steinkohlenkokses,
DIN 51 718: Bestimmung des Wassergehaltes,
DIN 51 719: Bestimmung des Aschengehaltes,
DIN 51 720: Bestimmung d. flüchtigen Bestandteile und d. Tiegelkoksausbeute,
DIN 51 721: Bestimmung des Gehaltes an C und H.

3. Heizwert der festen Brennstoffe. In den Staaten mit metrischem Maßsystem wird der Heizwert in kcal/kg ausgedrückt. 1 kcal = 1000 cal ist die Wärmemenge, die nötig ist, um 1 kg Wasser bei 760 Torr von 14,5 auf 15,5° C zu erwärmen. In Frankreich gilt als Wärmemaß 1 thernice, das ist die Wärmemenge, die aufgewendet werden muß, um 1 t Wasser von 15° C bei einem Druck von 1,013 Hectopiéce (1,02 kg/cm²) um 1° zu erwärmen. 1 thernice = 1000 frigories ≈ 1000 kcal (Tonnenkalorie). In den USA, in England und den Staaten des British Common Wealth wird der Heizwert in BTU (British Thermal Unit) angegeben. 1 BTU kommt jener Wärmemenge gleich, die aufgewendet werden muß, um 1 engl. Pfund (0,435 kg) Wasser von 39,1° F (3,95° C) auf 40,1° F (4,5°) zu erwärmen. 100000 BTU = 1 therm. Zwischen der kcal, dem BTU und dem mkg bestehen unter Berücksichtigung der abweichenden spez. Wärme des Wassers bei 4 und 15° C die folgenden Beziehungen:

kcal	BTU	mkg
1	= 3,968	= 426,9
0,252	= 1	= 107,6
$2{,}344 \cdot 10^{-3}$	$= 9{,}301 \cdot 10^{-3}$	= 1

Bei den Brennstoffen werden zwei Heizwerte unterschieden. Der obere Heizwert H_o, der auch die Kondensationswärme des hygroskopischen und des Verbrennungswassers des Brennstoffes umfaßt, und der untere Heizwert H_u, bei welchem die Kondensationswärme des Wassers der Verbrennungsgase nicht mit in Rechnung gestellt wird. Da die Kondensationswärme des Wassers der Abgase nur in den seltensten Fällen ausgenützt wird, so wird in Deutschland der untere Heizwert zur Kennzeichnung der Brennstoffe benutzt. In USA, England und auch in anderen Staaten wird dafür der obere Heizwert verwendet. Zwischen den beiden Heizwerten bestehen die folgenden Beziehungen

$$H_u = H_o - 600\,(9\,H + W)\ \text{kcal/kg}.$$

H ist der Wasserstoff-, W der Feuchtigkeitsgehalt des Brennstoffes in Gewichtsprozenten. Zwischen dem unteren Heizwert des Rohbrennstoffes und dem unteren Heizwert seiner Reinsubstanz bestehen die folgenden Zusammenhänge:

$$H_{u\,(\text{Rohbr.})} = H_{u\,(\text{Reinbr.})} \cdot \frac{100 - A - W}{100} - 6\,W$$

A ist der Aschengehalt, W der Feuchtigkeitsgehalt des Rohbrennstoffes in Gewichtsprozenten.

Der obere Heizwert des Brennstoffes wird mit Hilfe der kalorimetrischen Bombe bestimmt. Er sowie der untere Heizwert kann aber auch auf Grund der durch die Elementaranalyse des Brennstoffes festgestellten C-, O-, H- und S-Gehalte und der Feuchtigkeitsbestimmung berechnet werden. Für ältere Braunkohlen und die Steinkohlen erfolgt die Berechnung nach den folgenden Formeln:

$$H_o = 81\,C + 340\left(H - \frac{O}{8}\right) + 25\,S$$

$$H_u = 81\,C + 280\left(H - \frac{O}{8}\right) + 25\,S - 6\,W \quad \text{(Verbandsformel).}$$

C, H, O, S, W bedeuten darin die Gewichtsprozente dieser Bestandteile des Brennstoffes. Für die Berechnung der Heizwerte der jüngeren festen Brennstoffe sind eine Reihe von Formeln vorgeschlagen worden, von welcher die von W. Steuer als Beispiel angeführt wird. Sie lautet:

$$H_u = 81\,C + 291\,H + 25\,S - 30{,}56\,O - 6\,W.$$

Die Mechanische Prüfanstalt in Stockholm schlägt für die Berechnung des unteren Heizwertes des Holzes die Formel

$$H_u = 4590 - 51{,}9\ W$$

vor.

Bei den Steinkohlen kann der Heizwert der Reinkohle auf Grund der durch die Schnellanalyse ermittelten Gehalte an Asche (A), Wasser (W) und flüchtigen Bestandteil (V) berechnet werden. Voraussetzung dafür ist, daß nur eine Steinkohlensorte, nicht aber eine Mischung verschiedener Steinkohlen vorliegt. Der Heizwert der Reinkohle:

$$H_r = 8150 + 38{,}33\ V - 1{,}1806\ V^2\,.$$

H_u ergibt sich daraus folgendermaßen:

$$H_u = (100 - A - W) \cdot \frac{H_r}{100} - 6\,W\,.$$

4. Bewertung der festen Brennstoffe. Der Wert der festen Brennstoffe wird durch seinen Heizwert, seinen Gehalt an Ballaststoffen — Sauerstoff, Wasser und Asche —, seinem und seiner Asche Verhalten beim Verbrennen, Ver- und Entgasen, seiner Stückgröße und Kornverteilung bestimmt. Er wird aber auch von den Kosten der zu seiner Verwendung notwendigen Einrichtungen beeinflußt. Die Entscheidung, ob ein fester Brennstoff für einen bestimmten Zweck geeignet ist, hängt von seinen chemischen und physikalischen Eigenschaften ab. Seine Elementarzusammensetzung bestimmt den Heizwert, die Menge und Zusammensetzung der Verbrennungsgase, die Höhe der Flammentemperatur, die die gewünschte Arbeitstemperatur wesentlich überschreiten muß, und das Aussehen der Flamme, die um so heizkräftiger ist, je stärker sie leuchtet. Bei den Steinkohlen sind auch ihre Back- und Bläheigenschaften zu beachten. Weiters ist die Menge und das Verhalten der mineralischen Bestandteile des Brennstoffes in Betracht zu ziehen. Nach Constan soll der Schmelzpunkt für die Asche der Brennstoffe für Zentralheizungen über 1300°, die der Kesselkohle über 1400°, jene der Gaserzeugerkohle über 1500° oder unter 1200° liegen. Bei der Verwendung für Kesselfeuerungen und metallurgische Öfen (Schmelz-, Vorwärm- und Glühofen) ist der Schwefelgehalt noch von Bedeutung, der im ersten Fall durch die Kondensation der schwefligen Säure zu Korrosionen, im zweiten Fall durch S-Aufnahme zu Ausschuß Veranlassung gibt. Soll die Kohle zur Erzeugung von Koks, Leuchtgas oder Schwel- oder Urteer herangezogen werden, so spielt das Koksaussehen, die Koks-, Gas-, Teer- und Ammoniakausbeute eine Rolle. Von den physikalischen Eigenschaften kommt es in erster Linie auf die Korngröße und Kornverteilung an. Kohlen unter 5 mm Korngröße können beispielsweise nicht vergast werden. Für bestimmte Zwecke, wie dem Hochofen- und Gießereischachtofenbetrieb, ist der Festigkeit und Dichte des Brennstoffes das Augenmerk zuzuwenden. Gleichmäßigkeit der Güte, leichte Verteilbarkeit, Meßbarkeit und Regelbarkeit, Belästigung durch Abgase, Vermahlbarkeit, Sauberkeit des Betriebes, Sicherheit des Bezuges nach Menge und Preis für längere Zeit sind weitere Merkmale für die Bewertung der Brennstoffe. Ihre Eignung für eine bestimmte Verwendung wird zweckmäßig durch Großversuche unter Zuziehung von Fachleuten festgestellt. Der Aktionsradius oder die Reichweite der Verwendung der festen und aller anderen Brennstoffe ist um so größer, je hochwertiger sie sind, je billiger ihre Gewinnung und Verfrachtung und je geringer der Anteil der Brennstoffkosten an den Selbstkosten der Erzeugung ist.

5. Lagern der festen Brennstoffe. Die festen Brennstoffe lassen sich besser als die Gase, aber schlechter als die flüssigen Brennstoffe aufspeichern. Die Kohlen verlieren beim Lagern an Wert, sie verwittern. Wasserreiche Braunkohlen zerfallen dabei. Beim Lagern der Kohlen wird ein Teil des disponiblen Wasserstoffes und des Kohlenstoffes durch den Sauerstoff der Luft zu Wasser und Kohlensäure oxydiert, gleichzeitig wird ein Teil des Sauerstoffes durch die ungesättigten Verbindungen des Brennstoffes gebunden. Die dadurch herbeigeführten Veränderungen der Brennstoffsubstanz vermindern ihren Gasgehalt, sie setzen weiters ihr Treibvermögen und ihre Backfähigkeit herab, sie verschlechtert ihren Heizwert. Die Sauerstoffaufnahme kann von einer solchen Temperatursteigerung begleitet sein, daß Selbstentzündung des Brennstoffes einsetzt. Kleine Stückgröße, Feuchtigkeit in Form von Regen und Schnee, ein größerer Schwefelkiesgehalt und Gasreichtum begünstigen die Oxydation. Nach den Mitteilungen der bayrischen Landeskohlenanstalt verhalten sich die verschiedenen festen Brennstoffe beim Lagern wie folgt:

Bei Anthrazit und Koks besteht die Gefahr der Verwitterung und der Selbstentzündung nicht. Koks muß jedoch wegen seiner Porosität vor Nässe geschützt werden. Steinkohlenbriketts, die durch eine Pechhülle vor der Einwirkung des Luftsauerstoffes geschützt sind, verlieren nur wenig an Heizwert. Selbstentzündung ist bei ihnen nur möglich, wenn sie zu hoch oder zu dicht gelagert sind. Steinkohlen aus dem Saargebiet zeigen nur geringe Verluste bei der Lagerung. Bei Steinkohlen aus dem Ruhrgebiet, aus Schlesien und Sachsen schwanken die Lagerverluste erheblich. Die Gefahr der Selbstentzündung ist bei ihnen vorhanden. Braunkohle unterliegt der Verwitterung und Selbstentzündung leichter als Steinkohle, Regen und Wind erhöhen die Gefahr. Braunkohlenbriketts neigen ebenfalls zur Selbstentzündung, sie dürfen daher nicht auf Bodenräumen gelagert werden.

Bei der Einlagerung der Kohlen sind die folgenden Regeln zu beachten: 1. Der Kohlenlagerplatz soll eben, trocken und sauber, am besten soll er betoniert sein. 2. Die Kohlen sind nach Körnungen getrennt und dicht zu lagern. 3. Große Haufen sind wegen der Gefahr der Entmischung nicht kegelförmig zu lagern, sondern zu planieren, möglicherweise vor Aufgabe jeder weiteren Schicht festzuwalzen. 4. Höchstschütthöhe im Freien für Steinkohle 5 m, im Schuppen 4 m, für Braunkohle in beiden Fällen 3 m. 5. Zwischenwände sind nicht in Holz, sondern in Beton auszuführen. 6. Dampfleitungen und andere Wärmeträger sind von den Kohlenlagerplätzen fernzuhalten. 7. Der Temperaturverlauf der Kohlenlager ist dauernd zu überwachen (Einstecken eiserner Rohre, die Temperatur in ihrem Innern darf 50—60° nicht übersteigen). Ist an irgendeiner Stelle ein Brandherd zu befürchten, so ist der Kohlenhaufen sofort auseinander zu reißen. Das Ablöschen geschieht am besten durch Abdecken der Brandstelle mit Sand, Asche, oder Erde. Nur bei größerer Gefahr ist Wasser dazu zu verwenden. 8. Leicht selbstentzündbare Brennstoffe (Braunkohlen, Schwelkoks) sind unter Dach zu lagern, für Schwelkoks kommt sogar die Lagerung unter Schutzgas in Frage. 9. Die Abfallöffnungen der Kohlenbunker sind dicht abzuschließen, die Bunker sind abzudecken. Vor dem Wiederauffüllen des leeren Bunkers sind die Grusnester zu entfernen.

B. Holz und Holzkohle.

6. Holz ist der älteste, von den Bewohnern der Erde benützte Brennstoff. Es ist nicht nur Brennstoff, sondern auch ein wichtiger Werkstoff für den Hoch-, Tief-, Wasser-, Brücken-, Eisenbahn- und Maschinenbau und ein bedeutungsvoller Rohstoff der organisch-chemischen Industrie. Da der jährliche Holzzuwachs je ha Wald im Gewichte von etwa 3000 kg in erster Linie zur Deckung des Holzbedarfes an Bau- und Rohstoff verwendet wird, welcher Bedarf ständig ansteigt, so geht seine Verwendung als Brennstoff dauernd zurück. Es wird heute nur in den holzreichen aber kohlenarmen Staaten im stärkeren Ausmaße als Brennstoff benützt.

Nach dem spezifischen Gewicht und der von der Dichte des Zellengewebes abhängenden Festigkeit unterscheidet man harte und weiche Hölzer. Weichhölzer sind die Nadelhölzer mit Ausnahme der Pechkiefer, weiter die Linde, Pappel, Erle und die Roßkastanie. Harthölzer sind sämtliche andere Laubhölzer. Die Gewichte von 1 m^3 geschichtetem Holz (Raummeter) schwanken von 500 (Fichte und Pappel) bis zu 800 kg (Buche, Pechkiefer). Das Holz wird außerdem noch nach Festmetern gehandelt, worunter die auf 1 m^3 entfallende Holzmasse zu verstehen ist.

Die reine Holzsubstanz besteht aus 33—70% Zellulose, 53—23% Lignin, 29—14% Pentosen und Zucker, zu welchen noch verschiedene andere organische Stoffe, wie Eiweiß, Gummi, bei den Nadelhölzern auch noch Harz, ätherische Öle, bei den Eichensorten Gerbsäure hinzukommen. Holzsubstanz enthält durchschnittlich 52% C, 41% O, 6% H und somit 0,9% H_d und 1% N. Ihr Heizwert beträgt 4400 kcal. Das Holz enthält im frischgefällten Zustand bis zu 60% Wasser. Im lufttrockenen Zustande, in welchem es auch als Brennstoff zur Verwendung gelangt, bewegt sich sein Wassergehalt in den Grenzen von 10—20%. Er setzt den Heizwert des lufttrockenen Holzes auf etwa 3500 kcal herab. Der Aschengehalt von Holz ist gering, er beträgt 0,2—0,8%. Die Asche besteht zu 25% aus Pottasche (K_2CO_3), der Rest sind kiesel- und phosphorsaures Kalium, Natrium, Magnesium, Mangan und Eisen. Der geringe Aschengehalt und das nahezu vollkommene Fehlen des Schwefels sind vorteilhafte Eigenschaften dieses Brennstoffes. Das Holz entzündet sich bei 220 bis 300°. Es entwickelt beim Brennen eine lange, mattleuchtende Flamme. Die weichen Hölzer ergeben eine rasche, wenig nachhaltende Heizung, die harten Hölzer eine kräftige und länger andauernde Glut. Schüttgewicht in Scheiten kg/m^3: Nadelhölzer 320 bis 340, Buche 400, Eiche 420.

7. Holzkohle ist das Produkt der trockenen Destillation bei Tieftemperatur (unter 500°). Die Tieftemperaturentgasung oder Verschwelung des Holzes wird in Meilern oder Retorten durchgeführt, um den Brennstoff Holz zu veredeln und dadurch für bestimmte Zwecke verwendbar zu machen. Bei der Verschwelung in Retorten werden als Nebenerzeugnisse Holzgas (40—75 m^3/t), Holzessig (18 40 kg/t) und der Holzteer (70—75 kg/t) gewonnen. Aus dem Holzessig gewinnt man je t Holz 12—14 kg Essigsäure. Die Ausbeute an Holzkohle bewegt sich nach der Holzart und der Art der Verschwelung in den Grenzen von 170—400 kg/t.

Die Holzkohle zeigt noch deutlich das Holzgefüge, sie besitzt einen scharfkantigen, muscheligen Bruch, ihr spezifisches Gewicht liegt in den Grenzen von 0,2 bis 0,4, sie ist porös (70—80% Porenvolumen). Sie zieht daher beim Lagern im Freien Wasser an und besitzt außerdem die Fähigkeit, größere Mengen von gasförmigen Stoffen aufzunehmen. Gute Holzkohle hat eine tiefgraue Farbe mit schwach stahlblauem Glanz. Die Reinsubstanz der Holzkohle hat folgende Zusammensetzung und Heizwerte

	C	H	O	H_u
Meilerkohle	90%	3%	7%	7800 kcal
Retortenkohle	81%	4%	15%	7040 kcal

Der Aschengehalt der lufttrockenen Holzkohle beträgt durchschnittlich 1%, ihr Wassergehalt 5%, ihr Heizwert liegt in den Grenzen von 6600—7300 kcal. Die weiche Holzkohle zündet bei 150—300°, die harte bei 300—450° C, beide verbrennen mit kurzer blauer Flamme. Schüttgewicht: 190 kg/m^3. Ihr großer Vorzug liegt in ihrem hohen Heizwert, ihrer Reaktionsfähigkeit, ihrer Aschenarmut und Schwefelfreiheit. Sie wird zum Betrieb der Holzkohlenhochöfen, als Reduktionsmittel im

Elektrohoch- und Niederschachtofen, weiter zur Heizung von Schmiedefeuern, Lötöfen, zur Zementation des Stahles, zur Rückkohlung des flüssigen Stahles, zur Herstellung von Aktivkohle und zu anderen Zwecken verwendet.

C. Torf und Torfkoks.

8. Torf. Der Torf hat als Brennstoff nur örtliche Bedeutung, da sein geringer Heizwert und sein geringes spezifisches Gewicht seine weite Verfrachtung verhindern. Er kann für die Energieversorgung von den Torflagern weit abliegenden Gebieten nur durch Umwandlung in elektrische Energie in kalorischen Kraftwerken verwertet werden. Der Weltvorrat an Torf ist im Vergleich zu den Vorräten an den anderen fossilen Brennstoffen gering. Die Torfmoore sind der Hauptsache nach in den gemäßigten Zonen der Erde anzutreffen. Die Torflager erreichen eine Mächtigkeit bis zu 20 m, im Durchschnitt ist sie 3 m. Die Bildung von Torfmooren geht dauernd vor sich. Das Wachstum der Torfschicht beträgt 1—5 m in 100 Jahren. Je nach der Pflanzenart, die bei der Entstehung des Torfmoores vorherrscht, unterscheidet man Moos-, Heide-, Gras- und Wald- oder Holztorf. Nach dem Alter, d. h. nach dem Grade der Vertorfung wird der Torf in die in der Tabelle 5 wiedergegebenen Torfarten eingeteilt.

Tabelle 5. *Torfarten und ihre Eigenschaften.*

Torfart	Vorkommen	Farbe	spez. Gew.	Aussehen
Moos- o. Fasertorf	jüngere Schicht	hell	0,21—0,26	Pflanzenfaser noch
Sumpf- o. Modertorf	tiefere Schicht	braun	0,24—0,65	deutlich erkennbar
Pech- o. Specktorf	noch tief. Schicht	schwarzbraun	0,4—0,9	kein organisches
Lebertorf	unterste Schicht	pechglänzend	0,6—1,05	Gefüge

Nach der Art der Gewinnung unterscheidet man: 1. Stich- oder Baggertorf, nach dem Entwässern des Torfmoores mit dem Spaten oder dem Bagger ausgehoben, dann in Soden von $10 \times 10 \times 25$ cm geformt und im Freien getrocknet. 2. Preß- oder Streichtorf, dem nicht entwässerten Torfmoor als Schlamm entnommen, durch Kneten und Mischen verdichtet und schließlich mit Hilfe einer Ziegelpresse in Ziegelform gebracht. Der Streichtorf ist locker, er hat ein spezifisches Gewicht von 0,2—0,5, der Preßtorf ist dicht, sein spezifisches Gewicht beträgt 1,1—1,11. Der Rein-Torf, der durchschnittlich 60% C, 6% H, 32% O, 1,7% N, 0,3% S und dementsprechend 70% flüchtige Bestandteile aufweist, hat durchschnittlich einen Heizwert von 5400 kcal. Im frischen Zustand enthält der Torf bis zu 90% Wasser, das durch Lufttrocknung bis auf 20—25% erniedrigt wird. Die Frage seiner mechanischen Entwässerung ist bisher noch nicht gelöst, sie würde die Brikettierung des Torfes ermöglichen. Der Aschengehalt des Torfes schwankt sehr stark, guter Torf darf nicht mehr als 5% Asche haben. Durch den Wasser- und den Aschengehalt wird sein Heizwert auf 3300—4500 herabgesetzt. Er ist leicht entzündlich (230—280°) und brennt mit matter, langer, rußender Flamme. Der Torf nimmt beim Lagern infolge seines Gehaltes an Kolloiden Wasser auf, er ist unter Dach zu lagern, sein Schüttgewicht beträgt lufttrocken 325 bis 410, feucht 550 bis 560 kg/m³.

9. Torfkoks. Auch der Torf wird durch Verschwelung in Meilern oder Retorten veredelt. Dabei wird als fester Rückstand in einer Ausbeute von 25—35% eine lockere koksartige Kohle erhalten, deren spezifisches Gewicht 0,23—0,38 und deren Heizwert 6500—7000 kcal beträgt. Seine Entzündungstemperatur liegt bei 250°. Bei niedrigem Schwefelgehalt ersetzt er die Holzkohle, er hat bisher nur örtliche Bedeutung erlangt.

D. Braunkohle, Trockenkohle, Braunkohlenbriketts, Braunkohlenstaub, Grudekoks.

10. Braunkohle. Die Braunkohle, die seit dem 16. Jahrhundert verwertet wird, nimmt unter den fossilen Brennstoffen sowohl in bezug auf die Höhe ihrer Vorräte, als auch in bezug auf ihre derzeitige Verwendung die zweite Stelle ein. Sie hat bisher nur in Deutschland, der Tschechoslowakei und in den Staaten, die in erster Linie über Braunkohlen verfügen, eine größere Bedeutung erlangt (s. S. 7). Mit dem fortschreitenden Abbau der Steinkohlenlager wird sie auch in USA und in Kanada, auf welche der überwiegende Anteil der Weltbraunkohlenvorräte entfällt, in immer stärkeren Ausmaße Verwendung finden, insbesonders auch zur Herstellung von Hydrierölen, wozu sie sich besser als die Steinkohle eignet. Die Braunkohle hat den Nachteil, daß ihr Heizwert und zwar besonders der der jüngeren Braunkohlen niedrig ist, so daß ihr Aktionsradius klein ist. Sie ist jedoch mit geringen Kosten zu fördern, durch die Entwicklung der Feuerungstechnik ist es gelungen, sie preiswert in elektrische Energie zu verwandeln, die dann auf weite Strecken verwertet werden kann. Ihr Aktionsradius und ihre Verwendungsmöglichkeit als Brennstoff wird auch noch durch ihre Veredelung, Trocknung, Brikettierung, Vermahlung zu Kohlenstaub, Vergasung zu Oxyhochdruck-Ferngas und Verschwelung erweitert.

Die Braunkohlen, die in den geologischen Formationen von der Kreide bis zum Diluvium auftreten, vereinzelt auch im Karbon vorkommen, weisen Flöze von 15—20 m Mächtigkeit auf; mitunter steigt sie bis zu 100 m an.

Die Flöze lagern meist in geringer Tiefe, in diesem Fall wird die Braunkohle durch Tagbau gewonnen.

Nach der Herkunft der Braunkohle werden drei Gattungen unterschieden, zu welchen die angeführten Arten gehören. I. Humuskohlen; dazu gehören: 1. die gelblichbraune bis schwarze holzartige Braunkohle (Lignit), 2. die dunkel bis schwärzlich braune, feste bis lockere, erdige Braunkohle, 3. die hell- bis schwarzbraune, derbe, gemeine Braunkohle und 4. die schwarzbraune bis pechschwarze Matt- und Glanzkohle. Die beiden erstgenannten Arten sind geologisch jung, die beiden letztgenannten sind geologisch alt. Der überwiegende Teil der Weltvorräte gehört dieser Gattung an.

II. Faulschlammkohlen mit den Arten: 1. die dunkelglänzende, blättrige Blattkohle, 2. die dunkelbraune, blättrige Papierkohle, 3. die derbe, schwärzlichbraune, fettglänzende Moorkohle und 4. der dichte, feste, politurfähige, samt bis pechschwarze Gagat (Jet).

III. Lipiobiolithe; deren Arten sind: 1. die braune Humusbraunkohle, 2. der wachsartige Pyropissit und 3. die pyropissitische Braunkohle.

Die Reinsubstanz der jüngeren und älteren Braunkohlen weist durchschnittlich die folgende Zusammensetzungen und Heizwerte auf:

	%					kcal
	C	O	H	N	S	H_u
jüngere Braunkohle	65	28,8	5,3	0,6	0,3	6100
ältere Braunkohle.	74,4	18,8	5,2	1,0	0,6	7100
Boghead (Schwelkohle) . . .	75,0	16,4	7,4	0,3	0,9	7500

Die bitumenreichen Braunkohlen sind sauerstoffärmer und wasserstoffreicher. Der Bitumengehalt, der der Hauptsache nach aus wachsartigen und harzartigen Verbindungen besteht, von welchen die ersten hochmolekulare Fettsäuren sind, die teils mit Fettalkoholen verestert, teils in freier Form vorhanden sind, steigt in dem Pyropissit bis zu 50% an. Liegt er über 8%, so wird die Braunkohle als Schwelkohle bezeichnet; sie wird dann zur Gewinnung des Bitumens herangezogen, entweder durch Verschwelung oder durch das Herauslösen des Bitumens mit Benzol. Im ersten Fall zersetzt sich das Bitumen zu Kohlenwasserstoffen, die zum weitaus größten Teil als Schwelteer (Ausbeute bis zu 350 kg/t) als Haupterzeugnis der Verschwelung gewonnen werden. Man erhält dabei noch bis zu 100 m³/t Schwelgas und bis zu 350 kg/t Grudekoks als Nebenerzeugnis. Bei der Behandlung der Schwelkohle mit Benzol wird das Bitumen in unveränderter Form herausgelöst. Durch Abdestillieren des Lösungsmittels wird es als solches erhalten, es heißt dann Montanwachs und dient zur Herstellung von Schuhkreme, Phonographenplatten, konsistenten Fetten, zum Leimen von Papier und zu anderen Zwecken.

Der Feuchtigkeits-, Schwefel, Aschengehalt und der untere Heizwert der deutschen, böhmischen und österreichischen Braunkohle erreicht die folgenden Werte:

Braunkohle	H_2O %	S %	Asche %	H_u kcal/kg
Rheinische	50—60	0,2—3	2—3,5	1800—2500
Mitteldeutsche	42	0,8—1,1	6,7	3150
Ostelbische	50	—	2—3	3050
Österreichische.....	8—40	0,3—3,0	5—9	3150—5900
Böhmische	15—30	1	3—9	4100—5250

Im lufttrockenen Zustand geht der Feuchtigkeitsgehalt auf 5—25% zurück, die wasserreichen Braunkohlen zerfallen dabei. Die Braunkohlenasche reagiert schwach alkalisch, sie besteht aus Aluminium–Eisen–Kalzium-, Magnesium-, Kalium- und Natriumsilikaten, Sulfaten und Karbonaten. Der Schwefel ist als Pyrit–Sulfat- und organisch gebundener Schwefel vorhanden.

Die Förderkohle der dichten Braunkohlen wird durch Siebung aufbereitet. Die Glanzkohle wird mitunter dem Wasch- und Setzprozeß unterworfen. Die bei der Sortierung erzielten Sorten werden in den einzelnen Revieren verschieden benannt. Tabelle 6 gibt einen Überblick über die in den sächsischen und in den nordböhmischen Revieren gebräuchlichen Bezeichnungen.

Die Braunkohlen lassen sich leicht entzünden (250—450°), sie verbrennen mit langer, stark rußender Flamme, ihr Schüttgewicht beträgt 700—800 kg/m³.

Tabelle 6. *Klassifizierung der Braunkohle.*

Kohlengebiet	Sortierte Kohle, Stückgröße in mm und Bezeichnung								
	Stückkohle	Maschinenkohle	Mittelkohle		Nußkohle			Klar-Kohle	Staub
			I	II	I	II	III		
Provinz Sachsen	über 103	130 bis 80	—	—	80	—	20	unter 20	—
Nordböhmen	über 120	—	120—65	65—34	34—18	18—10	10—7	—	unt. 7

11. Trockenkohle. Der Heizwert und damit der Aktionsradius der wasserreichen Braunkohlen kann durch ihre künstliche Trocknung erhöht werden. Durch das von Prof. Fleiszner im Verein mit der Alpinen Montan A. G. ausgearbeitete Trocknungsverfahren wurde die Trocknung der wasserreichen Braunkohle ohne ihren Zerfall ermöglicht. Bei diesem Verfahren wird die Kohle in den Behältern des Trockenapparates durch überhitzten Wasserdampf auf die Trocknungstemperatur gebracht. Sie wird sodann durch Hindurchstreifen von Luft von Innen nach Außen fortschreitend getrocknet, wodurch ihre stückige Form erhalten bleibt. Die Kohle überzieht sich dabei mit einer Art Glasur, so daß sie beim Lagern keine Feuchtigkeit aufnimmt.

12. Braunkohlenbriketts. Durch die Brikettierung, die, falls der Feuchtigkeitsgehalt der Braunkohle 15% übersteigt, mit der Trocknung der Braunkohle verbunden werden muß, wird ihre Stückgröße zweckmäßig vergleichmäßigt. Durch die Trocknung wird gleichzeitig ihr Heizwert erhöht. Brikettiert werden die wasserreichen Braunkohlen und die Kleinkohle der wasserarmen Kohlen. Bei den ersten besitzt das Bitumen der Braunkohle die Eigenschaft, daß es bei der Brikettierung erweicht, so daß ihre Brikettierung ohne Bindemittel durchgeführt werden kann, bei den wasserarmen Braunkohlen ist dies nicht immer der Fall, sie werden dann mit Hilfe von Pechzusatz brikettiert. Die deutschen Braunkohlen können ohne Bindemittel brikettiert werden, bei den nordböhmischen Braunkohlen ist dies meistens nicht der Fall. Die erdigen und gemeinen wasserreichen Braunkohlen werden bei der Brikettierung zuerst mit Hilfe von Kohlenbrechern oder Schleudermühlen auf eine Korngröße von 3 mm zerkleinert, sodann wird der rohe Brennstoff in dampfgeheizten Röhren oder Tellertrocknern bis auf einen Feuchtigkeitsgehalt von 5—15% getrocknet. Die getrocknete Kohle wird hierauf mit Hilfe von Stempelpressen, oder mittelst der von Apfelbeck entwickelten Ringwalzenpresse unter einem Druck von 1200 bis 1500 atü zum Brikett verformt. Durch die Erweichung des Bitumens werden die einzelnen Kohlenteilchen zusammengekittet, so daß ein festes, wetterbeständiges Brikett erhalten wird, das auch im Feuerungsraum nicht zerfällt. Muß ein Bindemittel verwendet werden, so wird das Gemenge von getrockneter Kohle und Bindemittel (5—10%) unter einem Druck von 200—300 atü zum Brikett gepreßt. Die Wirtschaftlichkeit der Brikettierung der wasserreichen Braunkohlen hängt von der Energie- und Wärmewirtschaft der Brikettierungsanlage ab. Sie wird dadurch erzielt, daß der Dampf zur Arbeitsleistung und dann zur Heizung der Trockenanlagen herangezogen wird. Zur Herstellung von 1 kg Brikett aus Braunkohle mit 50% Wasser, dessen Heizwert doppelt so hoch wie jener der Rohbraunkohle ist, werden 2,2 kg Rohbraunkohle benötigt. Die Briketts werden für den Hausbrand in Salonformat ($183 \times 60 \times 40 = 500$ g), Gewicht je m³ geschüttet 720, geschlichtet 1030 kg, für die Industrie in Rundformat ($60 \times 40 = 170$ g), Schüttgewicht 820 kg/m³, hergestellt. Sie stellen infolge ihrer gleichmäßigen Gestalt und ihres Heizwertes (4500—5500 kcal) einen Brennstoff dar, der zu allen Zwecken der Feuerungstechnik verwertet werden kann. Dampfkessel, Vorwärmöfen aller Art, Gaserzeuger, Hausbrandöfen und Zentralheizungen lassen sich mit Braunkohlenbriketts ganz vorzüglich betreiben. Ihre Verwendung steigt daher ständig an. In Deutschland wurden im Jahre 1937 bei einer Förderung von 184,6 Mill. t Braunkohle 42,04 Mill. t Braunkohlenbriketts hergestellt, zu deren Erzeugung ungefähr 92,4 Mill. t Rohbraunkohle notwendig waren. Damit wurden 49,7% der deutschen Braunkohlenförderung der Brikettierung zugeführt, 20% der Briketts wurden verschwelt. Im Jahre 1944 erreichte die Welterzeugung an Braunkohlenbriketts die Höhe von 60 Mill. t.

13. Braunkohlenstaub. Die Rohbraunkohle kann auch dadurch veredelt werden, daß sie zu Kohlenstaub vermahlen wird. Damit die Vermahlung wirtschaftlich durchgeführt werden kann, muß die Rohbraunkohle, falls ihr Feuchtigkeitsgehalt 20% übersteigt, vorher getrocknet werden. Neben der dadurch bewirkten Erhöhung ihres Heizwertes steigert sich ihr Wert durch die Vermahlung noch dadurch, daß sie sich in der Kohlenstaubform bei der Verbrennung wie ein flüssiger oder gasförmiger Brennstoff verhält; Braunkohlenstaub kann daher nahezu mit der theoretischen Luftmenge vollständig und vollkommen verbrannt werden, wodurch eine höhere Flammentemperatur und ein besserer Wirkungsgrad erzielt werden. Die Trocknung der Rohbraunkohle erfolgt in mit Kohlenstaub oder heißen Abgasen der Feuerungsstelle geheizten Trommel- oder in mit Ab-Dampf geheizten Röhren- oder Tellertrocknern. Die Vermahlung wird in Zentralanlagen mit Kugel-, Walzen- oder Pendelmühlen, in Anlagen für die einzelnen Feuerstellen mit Schleudermühlen durchgeführt. Der Kohlenstaub muß einen solchen Feinheitsgrad haben, daß auf einem 4900 Maschensieb ein Rückstand von 15—30% (DIN 1171) zurückbleibt. Die Richtlinien für die Probenahme, Probenaufbereitung und Bestimmung der Korngröße von staubförmigen Brennstoff sind in DIN 51702 und 51704 festgelegt.

14. Grudekoks, das feste Nebenprodukt der Braunkohlenschwelerei, ist ein hochwertiger Brennstoff. Er wird in feinkörniger Form, falls Briketts verschwelt wurden in stückiger Form in einer Ausbeute von 150—350 kg/t gewonnen. Der stückige Grudekoks ist ohne weiters für alle Zwecke verwendbar, der feinkörnige kann durch Vermahlung zu Staub oder durch Brikettierung allgemein gebrauchsfähig gemacht werden. Der stückige und brikettierte Grudekoks ist als rußfreier Brennstoff sehr gut für den Hausbrand geeignet. Die leichte Selbstentzündung des Grudekoks ist bei seiner Lagerung besonders zu beachten.

Grudekoks enthält in seiner Reinsubstanz 91% C, 4,5% O, 2,6% H bei 2% H_d, bis 1,3% S und 0,4% N. Sein Heizwert beträgt 8100 kcal. Sein Aschengehalt ist durchschnittlich 20%, er wird durch die Aschenzahl g Asche/1000 kcal gekennzeichnet. Infolge seiner Porosität nimmt er beim Lagern aus der Luft 5—10% Wasser auf, so daß er durchschnittlich einen Heizwert von 6000 kcal hat. Der bei der Verschwelung der hochwertigen böhmischen Braunkohle gewonnene Koks wird *Kaumazit* genannt, er hat einen Heizwert von 6700 kcal. Der Grudekoks entzündet sich bei den Temperaturen von 200—240°, er ist sehr gut glimmfähig, worunter man die Eigenschaft der Brennstoffe versteht, auch ohne gesteigerte Luftzufuhr, in dünnen Schichten ausgebreitet, die Verbrennung aufrecht zu erhalten.

E. Steinkohle, -Briketts, -Staub, veredelter Kohlenschlamm, Halbkoks, Gas-, Zechenkoks.

15. Steinkohle. Die Steinkohle ist sowohl nach der Höhe ihrer Weltvorräte, als auch nach ihrem Verbrauch der wichtigste Brennstoff. Sie wird immer mehr vom reinen Wärme- und Kraftspender zum Rohstoff wichtiger Veredelungsgebiete (Kohlenverflüssigung, Kunstkautschuk, Kunststoffe, Fettsäuren). Im Jahre 1937 umfaßte die Weltkohlenförderung 30% der Weltbergwerkserzeugung oder 10% der Weltrohstoffgewinnung. Sie wurde zu 40% in der Industrie, zu 25% für den Hausbrand, zu 18% zur Erzeugung von Gas und Elektrizität, zu 8% für den Verkehr und zu 9% für sonstige Zwecke verbraucht. Die mit Hilfe der derzeit geförderten Kohle zu erzielende Arbeitsleistung kommt der Arbeit von 30 Milliarden Menschen, das ist der 14-fachen Zahl der Erdbewohner gleich. Die Steinkohle wird seit mehr als 1000 Jahren verwendet. Sie hat aber erst mit der durch die Erfindung der Dampfmaschine einsetzenden Industrialisierung ihre große Bedeutung erlangt. Sie ist, obwohl ihr Anteil am Weltenergieverbrauch seit 1913 ständig zurückgeht (s. Abb. 1), noch immer die wichtigste Energiequelle. Steinkohle findet sich in allen Erdteilen, im überwiegendem Ausmaße in USA vor. Die Menge der erforschten Vorräte, deren Verteilung auf die einzelnen Kontinente und deren wichtigste Staaten, sowie deren derzeitige Jahresförderung sind dem Absatz 4 auf Seite 6 zu entnehmen. Die Entwicklung der Weltsteinkohlenförderung ab 1890 ist in der Abb. 2 wiedergegeben.

Die Steinkohlen finden sich als Anthrazit in der Silur-, Devon-, Karbon- und Dyasformation vor. Die übrigen Steinkohlenarten sind in der Karbon-, Dyas-,

Trias-, Jura- und Kreideformation anzutreffen. Sie sind der Hauptsache nach Zersetzungsprodukte von Pflanzen, die an den Orten der Kohlenlager gewachsen sind oder dorthin verschwemmt wurden. In den einzelnen Steinkohlengebieten sind in der Regel mehrere Steinkohlenflöze übereinander anzutreffen, so daß sich dadurch eine beträchtliche Gesamtmächtigkeit ergibt. Im oberschlesischen Becken sind beispielsweise bis zu einer Tiefe von 6700 m 124 abbauwürdige Flöze von 172 m Kohle vorhanden. Die Mächtigkeit der einzelnen Flöze steigt dabei bis zu 14 m an. Im westfälischen Karbon sind bei 3000 m Tiefe 90 Flöze anzutreffen, von denen 46 mit 57 m abbauwürdig sind. Die Steinkohle wird nahezu ausschließlich durch Tief- und Stollenbau gewonnen. Mit der Tiefe der Förderung nehmen die Schwierigkeiten zu.

Die Steinkohle ist ein nichtkristallinisches, dichtes, schiefriges oder faseriges, mattes oder glänzendes, brennbares Gestein von brauner bis pechschwarzer Farbe. Sie hat einen grauschwarzen bis schwarzen Strich und ein spez. Gewicht von 1,25 (Reinsubstanz der Flammkohle) bis 1,4 (Anthrazit). Die Steinkohlen enthalten folgende Gefügebestandteile:

1. Glanzkohle (Vitrit), eine aus der festen Ast- und Stammsubstanz der Pflanzen entstandene Humuskohle. Sie ist pechschwarz, glänzend, nicht abfärbend, hat einen glatten Bruch und ist gas- und aschenarm.

2. Mattkohle (Durit), eine aus den Algen-, Blatt-, Sporen- und Pollenresten hervorgegangene Faulschlammkohle. Sie ist grauschwarz, nicht glänzend, nicht abfärbend, ihr Bruch ist rauh, sie ist gas- und aschenreich.

3. Faserkohle (Fusit), auch als fossile Holzkohle bezeichnet, da von ihr angenommen wird, daß sie durch Verkohlung von Holz bei großen Bränden in der geologischen Urzeit entstanden ist. Sie ist eine Humuskohle, die feinnadelig und glänzend ist, nicht abfärbt und gasarm und aschenreich ist.

In der überwiegenden Zahl der Fälle treten alle drei Gefügebestandteile in demselben Flöz streifenförmig übereinander angeordnet auf. Die Steinkohlen sind demnach meistens Streifenkohlen. Es kommen jedoch auch reine Mattkohlen vor, ein Beispiel hierfür ist die Kännelkohle, die infolge ihres Bitumengehaltes sich wie eine Kerze anzünden läßt. Die deutschen Steinkohlen sind Streifenkohlen. Die einzelnen Steinkohlenarten weisen den folgenden Aufbau auf:

Steinkohlenart	Anteil %		
	Vitrit	Durit	Fusit
Gasflammkohle	54—60	33—36	6—9
Gaskohle	60—66	30—33	4—6
Fette Kohle	83—88	10—16	2—5
Mager-Kohle	88—93	5—10	0—1

Im Anschluß an das Kohlenflöz tritt mitunter der Brandschiefer, ein mit Kohlenmasse durchsetzes Schiefergestein auf, der brennbar ist und über 50% Asche enthält.

Nach der chemischen Zusammensetzung der Reinkohle und ihrem Verhalten bei der Verkokung werden die Steinkohlen in die in der Tabelle 4 angeführten Arten eingeteilt. Sie enthält auch Angaben über die durchschnittliche Zusammensetzung ihrer Reinsubstanz, deren Heizwert, sowie die Menge und Beschaffenheit ihrer flüchtigen Bestandteile und ihres Kokses.

Das Verhalten der Steinkohle bei der Verkokung hängt von ihrem Gehalt an Bitumen und dessen Zusammensetzung ab. Das Bitumen der Kohle kann durch Druckextraction mit Benzol oder Pyridin bei 280° gelöst werden. Wird das so gewonnene Bitumen mit Petroläther behandelt, so lösen sich darin seine öligen Bestandteile auf, während ein fester, kakaofarbiger Rest zurückbleibt. Nach den

Untersuchungen von FISCHER, STRACHE und STRAUCH enthält der ölige, aus Kohlenwasserstoffen bestehende Anteil die Verbindungen der Steinkohle, die ihr Backvermögen bei der trockenen Destillation bedingen, während der feste, noch sauerstoffhaltige Anteil des Bitumens das Blähen des Kokses verursacht. Es geben nur jene Kohlen einen backenden Koks, die von dem Ölbitumen eine so große Menge enthalten, daß dadurch die Kohlenmasse bei der Verkokung erweicht und schmilzt. Die Stärke des Treibens des Kokses ist von der Höhe der Zersetzungstemperatur des festen Bitumens abhängig.

Der Wassergehalt der lufttrockenen Steinkohle liegt in den Grenzen von 1—6%. Im grubenfeuchten Zustand sind seine Grenzen 2—20%. Der Aschengehalt der aufbereiteten Steinkohlen schwankt beim Anthrazit von 1—6%, bei den übrigen Steinkohlen von 3—12%. Die mineralischen Bestandteile bestehen aus freier Kieselsäure, Ton, Silikaten des Eisens, Kalziums, Magnesiums, Karbonaten, Pyrit und geringen Mengen von Bariumsulfat. Der Schwefel ist der Hauptsache nach als Pyritschwefel, neben Sulfat- und organisch gebundenem Schwefel vorhanden. Der Heizwert der aufbereiteten, lufttrockenen Steinkohle schwankt von 6500 (trockene Kohle) bis 8000 kcal (Anthrazit). In Tabelle 7 sind die Wasser–Aschen–Schwefelgehalte und die Grenzen des unteren Heizwertes der lufttrockenen Steinkohlen der deutschen und der nieder- und oberschlesischen Kohlenreviere wiedergegeben. Sie enthält weitere Angaben, in welchen Revieren die einzelnen Steinkohlenarten anzutreffen sind.

Tabelle 7. *Wasser-, Aschen-, Schwefelgehalte, Grenzen des unteren Heizwertes der deutschen, nieder- und oberschlesischen Steinkohlen.*

Art der Steinkohle	Herkunft (Revier)	H_2O %	Asche %	S %	H_u kcal/kg	Vorkommen im Revier
Flammkohle	Oberschl., Saar	2,5—10 2—5	1—3,5 4—10	 0,4—1	7000—7660 6800—7160	Ruhr, Aachen, Saar Oberschl., Sachsen
Gasflammkohle	Sachsen	5—15	2—10	0,6—0,8	6400—6850	Ruhr, Aachen, Saar Oberschl., Sachsen
Gaskohle	Ruhr, Aachen	1—10	3—7	0,8—1	7000—7550	Ruhr, Aachen, Saar Oberschl., Sachsen
Kokskohle	Ruhr, Aach., Saar, Oberschl., Niederschl.	1—10 2—5 1—10 3—9	5—12 4—9 4—15 5—8	0,8—1 0,4—1 0,6—1 0,9—1,2	7300—7800 7300—7650 6500—7900 6900—7400	Ruhr, Aachen, Saar Ober-, Niederschl.
Eßkohle	Ruhr, Aach.	1—10	—	—	7000—7900	Ruhr, Aachen
Magerkohle	Ruhr, Aach.	1—10	—	—	7300—7500	Ruhr, Aachen
Anthrazit	Ruhr, Aach.	1—6	—	—	6800—8000	Ruhr, Aachen

Die Entzündungstemperatur der einzelnen Steinkohlenarten liegt in den folgenden Grenzen: Gas- und Gasflammkohlen 214—230°, Fettkohlen 243—248°, Eßkohlen 260°, Magerkohlen 339°, Anthrazit 485°.

Die Flamm-, Gasflamm-, Eß-, Magerkohlen und der Anthrazit sind Feuerungskohlen. Die rußfrei verbrennende Magerkohle und der Anthrazit kommen in erster Linie für den Hausbrand, die Magerkohle für die Lokomotivfeuerung in Betracht. Der Anthrazit eignet sich auch für den Hochofenbetrieb. Die Gaskohle dient in erster Linie zur Leuchtgas-, die Kokskohle zur Zechenkokserzeugung.

Die Steinkohle wird im Förderungszustand als Förderkohle bezeichnet. Sie setzt sich aus den verschiedensten Stückgrößen zusammen, sie eignet sich schlecht zur Verbrennung, Ver- und Entgasung. Wird sie als solche verkauft, so werden nach ihrem Grobgehalt (25,35 und 50%) drei Sorten unterschieden. Die Förderkohle wird durch Siebung in die folgenden Sorten unterteilt.

Stückkohle	Nußkohle					Feinkohle	Staub
	I	II	III	IV	V		
über 80 mm	80—50	50—30	30—18	18—10	10—6	0—6/10	0—0,5
770—810	740—780		720—750			820—860	750—760

Schüttgewicht kg/m³

Um den Gehalt an Betriebsasche zu vermindern, werden die einzelnen Stückgrößen noch einem Wasch- und Setzprozeß unterworfen, sie werden dann als gewaschene Kohle bezeichnet.

16. Steinkohlenbriketts. Um die bei der Aufbereitung der Steinkohle anfallenden Feinkohlen allgemein verwendbar zu machen, werden sie brikettiert, sie erhalten dadurch eine gleichmäßige stückige Form. Sie werden nach der Vermengung mit 5—10% Steinkohlenpech in Pressen unter einem Druck von 200—300 atü zu Voll- (1, 3, 7 und 10 kg), Würfel- (0,45 kg), Eier- (70, 100, 150 g) und Nußbriketts (15/18) verformt. Die Briketts sollen nicht mehr als 10% Asche enthalten. Sie sind infolge ihrer gleichmäßigen Stückgröße und des durch die Trocknung und den Zusatz des Bindemittels verbesserten Heizwertes ein Brennstoff, der sich zum Betrieb aller Feuerungsstätten und zur Vergasung eignet. Ihre Gesamterzeugung ist im Verhältnis zur Steinkohlenförderung nicht groß. In Deutschland wurden im Jahre 1938 bei einer Förderung von 184 Mill. t Steinkohlen 7 Mill. t Steinkohlenbriketts hergestellt. Die Welterzeugung erreichte 1938 die Höhe von 20,4 Mill. t.

17. Steinkohlenstaub. Die Staub- und Feinkohlen können auch noch durch ihre Vermahlung zu Kohlenstaub verwendbarer gemacht werden. Auch bei aschenreichen Steinkohlen kommt die Überführung in Staubform zur Verbesserung ihrer Verbrennung und ihres Wirkungsgrades in Frage. Übersteigt der Wassergehalt der Steinkohle 5%, so muß sie vor der Vermahlung getrocknet werden. Der Feinheitsgrad des Mahlgutes muß derart sein, daß auf dem 4900 Maschensieb bei den Flamm- und Gasflammkohlen 15—25, bei den Fettkohlen 15—20, bei den Eßkohlen 10 bis 15 und beim Anthrazit 8—12% als Rückstand zurückbleiben (DIN 1171). Steinkohlenstaub zündet je nach der Steinkohlenart bei 300—500°. Infolge der Vorzüge der Steinkohlenstaubfeuerung — höhere Flammentemperatur, höherer wärmewirtschaftlicher Wirkungsgrad auch bei aschenreichen Kohlen — gewinnt diese Art der Verwendung immer größere Bedeutung. Der aschenarme Kohlenstaub kann außer als Brennstoff auch als Treibstoff für Kohlenstaubmotoren verwendet werden.

18. Veredelter Kohlenschlamm. Der bei dem Setzprozeß anfallende Kohlenschlamm enthält noch brennbare Bestandteile. Sie können ihm durch eine Schwemmaufbereitung (Flotationsverfahren) entzogen werden. Er wird zu diesem Zweck reichlich mit Wasser verdünnt und mit Wasserglas, Fettsäuren, Petroleumdestillaten (1 kg je t trockener Schlamm) vermischt. Durch Einblasen von Luft wird sodann eine Bildung von Schaum herbeigeführt, in welchem bis zu 94% der Kohle des Schlammes übergehen. während seine schweren Bestandteile als Trübe zu Boden gehen. Der Schaum wird filtriert, die abgesonderte Kohle wird getrocknet. Sie kann zur Kohlenstaubfeuerung, zum Betrieb von Kohlenstaubmotoren und zu anderen Zwecken verwendet werden.

19. Halbkoks. Die Kohle ist nicht nur Brennstoff, sondern auch Rohstoff der organisch-chemischen Industrie. Um aus den bitumenreichen jüngeren Steinkohlen vor ihrer Verbrennung ihre wertvollen flüchtigen, bei Raumtemperatur flüssigen Bestandteile, die den „Urteer" ergeben, abzuscheiden, werden sie einer Tief-Temperaturentgasung unterworfen. Dabei wird der Halbkoks in einer Ausbeute von

55—65% als fester Rückstand erhalten. Seine Reinsubstanz enthält durchschnittlich 87% C, 9% O, 3% H, je 1% N und S. Sie hat einen Heizwert von durchschnittlich 7400 kcal. Der lufttrockene Halbkoks mit 5% Wasser und 10% Asche hat einen Heizwert von 6600 kcal. Der Aschengehalt wird durch die Aschenzahl gr Asche/1000 kcal gekennzeichnet. Der Halbkoks ist stark porös, leicht entzündbar, sein Raumgewicht ist 450 kg/m³. Sein Nachteil der Feinkörnigkeit kann durch Brikettierung oder Vermahlung zu Staub behoben werden.

Die Tieftemperaturentgasung der jüngeren Steinkohlen wird bisher nur im geringen Ausmaß durchgeführt. In Deutschland waren im Jahre 1939 bei der Krupp Bergbau A.G. zwei Anlagen mit einer Tagesleistung von 400 und 200 t im Betrieb. In Großbritannien wurden im Jahre 1937 $0{,}5 \cdot 10^6$ t, in Frankreich $0{,}2 \cdot 10^6$ t Halbkoks hergestellt. Die Verschwelung der Steinkohle kommt nur dann in Betracht, wenn die Einnahmen aus den Destillationsprodukten Urteer (10–12%) und Schwelgas (bis 100 m³/t) die Kosten der Verschwelung, Brikettierung oder Vermahlung zu decken vermögen.

20. Gaskoks ist das feste Nebenerzeugnis der Leuchtgaserzeugung (Ausbeute 650—700 kg/t Gaskohle). Die Gaskohle wird der Hochtemperaturentgasung oder Verkokung unterworfen. Für Gaskoks bestehen keine besonderen Vorschriften, da die Verkokung so durchgeführt werden muß, daß eine möglichst hohe Gasausbeute bei bester Gasgüte erzielt wird. Die Gasanstalten sind aber bemüht, die Entgasung so zu gestalten, daß auch ein Gaskoks bester Güte erhalten wird. Seine Reinsubstanz enthält durchschnittlich 97% C, 1,5% O und 0,5% H, ihr Heizwert beträgt durchschnittlich 8000 kcal. Der Koks enthält 5% Wasser, sein Aschengehalt liegt durchschnittlich bei 9%. Sein Heizwert beträgt dann 6880 kcal. Er ist stark porös und wiegt 350—450 kg/m³. Der aus den Retorten kommende Koks wird gebrochen und in Nußkoks I (80—50 mm), II (50—30 mm), Perlkoks (30—10 mm) und Koksgries (unter 10 mm) sortiert. Er wird hauptsächlich als Hausbrand verwendet, aber auch zu gewerblichen Zwecken herangezogen.

21. Zechenkoks ist das Haupterzeugnis der Verkokung der Kokskohle. Es werden zwei Arten unterschieden: der Hochofen- und der Gießereikoks. An beide werden die in der Tabelle 8 wiedergegebenen Anforderungen gestellt.

Tabelle 8. *Gütevorschriften für den Zechenkoks.*

Eigenschaft	Hochofenkoks		Gießereikoks	
	Klasse 1	Klasse 2	Klasse 1	Klasse 2
Aschengehalt	bis 9%	9—11%	bis 8%	8—9%
Wassergehalt (Höchstgehalt)	4%	5%	4%	5%
Schwefelgehalt (Höchstgehalt)	1%	1,25%	1%	1,25%
Staub am Empfangsort höchstens	6%	6%	6%	6%
Porenraum	50%		40%	
Druckfestigkeit	100 kg/cm²		100 kg/cm²	
Stückgröße, Seitenlänge	50—120 mm		80—120 mm	
Stückfestigkeit	50 kg Koks von 50—120 mm Seitenlänge sollen nach viermaligem Fall von 1,85 m Höhe nicht mehr als 25% unter 50 mm ergeben.			
Abrieb	50 kg Koks von 50—120 mm in einer Trommel von 1 m Durchmesser und 0,5 m Breite, 4 min bei 25 Umdr./min gedreht, soll mindestens 80% über 40 mm ergeben.		—	—

Für die wirtschaftliche Verwendung der Kokssorten ist außerdem noch ihre Reaktionsfähigkeit und Reaktionstemperatur von Bedeutung. Unter Reaktionsfähigkeit wird die Eigenschaft des Kokses verstanden, mit der Kohlensäure in Reaktion zu treten. Die Reaktionstemperatur ist jene Temperatur, bei welcher der Kohlenstoff des Kokses mit der Kohlensäure in Reaktion zu treten beginnt. Hochofenkoks soll eine hohe Reaktionsfähigkeit besitzen, damit die in der Formenebene entstehende Kohlensäure möglichst rasch zu CO reduziert und in der Formenebene eine reduzierende Atmosphäre erhalten wird. Außerdem soll der Hochofenkoks eine möglichst hohe Reaktionstemperatur aufweisen, damit die bei indirekter Reduktion der Eisenerze entstehende Kohlensäure in den oberen Zonen nicht mehr umgewandelt wird. Gießereikoks soll eine geringe Reaktionsfähigkeit und eine hohe Reaktionstemperatur haben, damit der Kohlenstoff des Kokses möglichst weitgehend zu Kohlensäure verbrannt wird. Nach den bisherigen Ergebnissen der Untersuchung scheint die Temperatur, die bei der Verkokung während der Periode der stärksten Entgasung herrscht, den größten Einfluß auf beide Eigenschaften zu haben. Hohe Temperatur in dieser Periode bedingt hohe Reaktionstemperatur und geringe Reaktionsfähigkeit. Mit der Porosität des Kokses scheinen sie in keiner Beziehung zu stehen. Bei der Erzeugung von Hochofenkoks wird im allgemeinen die Entgasung bei etwas niedrigerer Temperatur als bei der Herstellung von Gießereikoks durchgeführt. Von dem Hochofenkoks wird dementsprechend noch verlangt, daß er bei langsamer Erhitzung bei der Temperatur von 650—800° zu entgasen beginnt, während bei dem Gießereikoks die Entgasung erst bei 1000° einsetzen soll. Der Hochofenkoks soll noch bis zu 3% flüchtige Bestandteile enthalten.

Der Reinkoks, der durchschnittlich 97% C, 0,5% O, 0,5% H enthält, hat einen Heizwert von 8030 kcal., bei dem feuchten, aschenhaltigen Zechenkoks liegt er in den Grenzen von 7000—8000 kcal. Seine spez. Wärme beträgt 0,37—0,38, das wirkliche spez. Gewicht 1,6—1,9, das scheinbare 0,8—1,0/m^3; geschütteter Koks wiegt 440—586 kg. Seine Farbe ist entweder schwarz und glanzlos oder hellgrau silberglänzend. Die Entzündungstemperatur des Hochofenkokses ist 750°, die des Gießereikokses liegt etwas darüber. Der Koks brennt mit kurzer, blauer Flamme. Er wird sortiert und in den folgenden Sorten auf den Markt gebracht.

Sorte	Ruhr	Aachen	Saar	Schüttgew. kg/m
Großkoks	über 90	über 90	über 80	436
Spezial-Gießerei-Koks	über 90	über 90	über 80	
Brechkoks I	60—90		50—80	476
II	40—60		35—50	
III	20—40		15—35	
IV	10—20		—	
Koksgrus	bis 10 mm		—	586

Im Jahre 1938 wurden bei der Weltsteinkohlenförderung von $1{,}33 \cdot 10^9$ t $139{,}6 \cdot 10^6$ t Zechenkoks erzeugt.

Neben natürlichen und künstlichen festen Brennstoffen werden auch noch *Abfallbrennstoffe* verwendet, das sind Brennstoffe, die als Abfälle bei Arbeitsverfahren erhalten werden. Dazu gehören Holzabfälle aus der Holzbearbeitung, der Zellulose Papier- und Pappenerzeugung, weiter Schilfpflanzen, Abfälle der Zuckerrohrverarbeitung u. a. Sie werden infolge ihres billigen Preises oder des Mangels an anderen Brennstoffen zur Heizung von Dampfkesseln, Lokomobilen und auch Lokomotiven herangezogen. Die Kokse der Rauchkammerlösche der Lokomotiven und der Aufbereitung der Aschen sowie der Müll der Städte, der unter Dampfkesseln verbrannt wird, sind ebenfalls zu den Abfallbrennstoffen zu zählen. Es ist selbstverständlich, daß an Abfallbrennstoffe keine besonderen Anforderungen gestellt werden können.

III. Flüssige Brennstoffe.

A. Allgemeines.

Die flüssigen Brennstoffe werden in die folgenden Untergruppen eingeteilt:

1. Erdöl und seine Destillate,	5. Urteer und seine Destillate,
2. Schieferöl und seine Destillate,	6. Hydrieröle,
3. Braunkohlenteer und seine Destillate,	7. Synthetische Öle,
4. Steinkohlenteere und ihre Destillate,	8. Spiritus.

Die flüssigen Brennstoffe haben heute als Treibstoffe für Explosionsmotoren in der Energiewirtschaft eine große Bedeutung erlangt. Sie werden aber auch vielfach als Brennstoffe verwendet, da sie sich infolge ihres hohen Heizwertes und der Möglichkeit ihrer Verbrennung mit einem geringen Luftüberschuß durch einen hohen pyrometrischen Effekt auszeichnen. Sie hinterlassen beim Verbrennen keinen Rückstand, sind nahezu frei von Schwefel, ergeben kurze Anheizzeiten und rasche Anpassung der Feuerung an wechselnde Betriebsverhältnisse, sind mit einfachen Mitteln vom Lagerplatz zur Verbrauchstelle zu befördern und lassen sich leicht einlagern. Ihr hoher Wärmeinhalt und ihr Aggregatzustand ermöglicht, daß in dem gleichen Raum viel mehr Energie aufgestapelt werden kann, als dies bei den anderen Brennstoffen der Fall ist. Sie können außerdem in großen Mengen weite Strecken durch Rohrleitungen verfrachtet werden. Ihr Nachteil ist der höhere Preis ihrer Wärmeeinheit. Ihre Vorteile ermöglichen es jedoch, daß sie trotz dieses Nachteiles mit den festen Brennstoffen auf vielen Gebieten in Wettbewerb treten können. Sie haben insbesonders in der Handel- und Kriegsschiffahrt, deren Aktionsradius sie wesentlich erweitern, die Kohle weitgehend verdrängt. Im Jahre 1937 wurden bereits 51,4% der Welthandelsflotte mit Ölheizung (über 30%) und Dieselmotoren betrieben. Noch höher ist der Anteil, den sie beim Betrieb der Kriegsschiffe einnehmen. Sie werden aber auch in der Industrie, im Gewerbe und bei Zentralheizungen mit Vorteil als Brennstoff verwendet. Ihr Hauptgebiet ist jedoch die Verwendung als Treibstoff für Explosionsmaschinen. Die ständig fortschreitende Motorisierung der Verkehrsmittel — Diesellokomotiven, Triebwagen, Last- und Personenkraftwagen, Motorräder, Flugzeuge — hat zur Folge, daß ihr Anteil am Weltenergieverbrauch von Jahr zu Jahr ansteigt. Der Anteil des Erdöles am Weltenergieverbrauch hat 1950 die Höhe von 24,8% erreicht.

Beim Einkauf des flüssigen Brennstoffes ist neben seinem Heizwert noch zu beachten: 1. seine Viskosität oder Zähflüssigkeit (Verhältnis der Ausflußzeit von 200 cm³ Öl bei der Versuchstemperatur zu der von 200 cm³ Wasser bei 20° ausgedrückt in Englergraden), 2. sein Flammpunkt (Temperatur, bei welcher die Dämpfe, die dem erwärmten Öl entweichen, mit der Luft ein entflammbares Gemisch bilden), 3. sein Brennpunkt (Temperatur, bei der das Öldampf-Luftgemisch brennt).

Die Lagerung großer Mengen der flüssigen Brennstoffe erfolgt in Tanks, kleine Mengen werden in eisernen Fässern feuersicher aufbewahrt. Die Vorschriften für die Einrichtung von Lagerstellen für flüssige Brennstoffe und die zulässigen Lagermengen regelt das Ministerialblatt der Handels- und Gewerbeverwaltung vom Jahre 1952, S. 233. Die flüssigen Brennstoffe werden nach ihrem Flammpunkt in die folgenden Gefahrenklassen eingeteilt:

Gefahrenklasse	I	II	III
Flammpunkt	unter 21°	bis 55°	55—100°

B. Erdöl und seine Destillate.

22. Erdöl, Rohpetroleum oder Naphta ist der einzige natürliche flüssige Brennstoff. Die erste Tiefbohrung auf Erdöl wurde in Titusville bei Pittsburg im Jahre 1859 durchgeführt. Anfänglich diente es vorwiegend für Beleuchtungszwecke. Mit der Erfindung der Explosionsmotoren und der Erkenntnis des Wertes seiner Destillate für den Betrieb der Handels- und Kriegsschiffe, stieg seine Bedeutung als Treib- und Brennstoff. Die Entwicklung der Weltförderung an Erdöl ist der Abb. 2 zu entnehmen. Es ist, wie Abb. 2 zeigt, seit 1929 neben der Steinkohle der wichtigste Energieträger. Die Höhe der schwer festzustellenden Weltvorräte, ihre Verteilung auf die einzelnen Erdteile und deren wichtigste Staaten sind auf Seite 7 wiedergegeben.

Das Erdöl, das in den älteren paläozoischen, den jüngeren mesozoischen und den tertiären Formationen der Erde anzutreffen ist, ist aus den Fett- und Eiweißstoffen und Kohlenhydraten der im Faulschlamm der Urmeere untergegangenen Algen und Tiere entstanden. Sie ergaben nach ihrer Zersetzung durch Spaltpilze das Urbitumen, das durch Adsorption, Spaltung und Hydrierung in Paraffinöle verwandelt wurde. In den jüngeren Erdöllagerstätten sind noch reine Paraffinöle anzutreffen. Die Paraffinöle wurden in den älteren Erdöllagern dann weiter durch die Anregung von Sauerstoffverbindungen, durch Polymerisation und Verflüchtigung in Paraffin und Erdwachs verwandelt oder durch Ringbildung in Aromate übergeführt, die sich mit den Alkanen umgesetzt und dadurch die Naphtenöle gebildet haben. In einzelnen Lagerstätten sind diese durch Polymerisation und Verflüchtigung in Erdteer und Asphalt übergegangen. Bei diesen Vorgängen haben sich leichtflüchtige Kohlenwasserstoffe abgespalten, die sich an den Erdöllagerstätten meist in Gasform vorfinden, so daß das Erdöl unter Druck steht und beim Anbohren des Lagers als Springquell zutage tritt. Das Erdöl wird meistens durch Bohr- und Pumpenbetrieb, selten bergmännisch durch Abbau der Ölsande gewonnen. Die ölführenden Schichten sind nicht immer die ölbildenden, die Öle haben bei den geologischen Umwandlungen bisweilen ihre Lage verändert.

Das Erdöl ist eine weingelbe bis pechschwarze, grün fluoreszierende Flüssigkeit, die ein Gemenge von flüssigen Kohlenwasserstoffen (Paraffine, Naphtene, aromatische und cyclistische Kohlenwasserstoffe) ist, in welchem noch feste Stoffe (Paraffin und Asphalt) gelöst sind. Die Zusammensetzung des Erdöles der einzelnen Lagerstätten ist verschieden. So herrschen zum Beispiel bei den pennsylvanischen Ölen die Paraffine $C_n H_{2n+2}$, bei den russischen und japanischen die Naphtene $C_n H_{2n}$ und bei den galizischen, rumänischen und indonesischen (Borneo) die aromatischen Kohlenwasserstoffe vor. Das geförderte Erdöl ist durch Sand, Schmutz und Wasser verunreinigt, die an Ort und Stelle durch Absetzen entfernt werden. Ist der Schlamm kolloidal, so muß er vor dem Filtrieren koaguliert werden. Das Rohöl enthält 0,08—3% S in Form von schwefelhaltigen Kohlenwasserstoffen. Tabelle 9 gibt einen Überblick über die Zusammensetzung und die Eigenschaften verschiedener Rohöle.

Das Erdöl wird durch Behandlung mit konzentrierter Schwefelsäure, deren Reste durch Soda entfernt werden, oder durch Filtrieren über Bleicherde entfärbt. Es wird sodann entweder durch stufenweise Destillation oder nach der Abdestillation des Leichtöles, das „Toppen" genannt wird, und dem Verdampfen der bis 400° flüchtigen Bestandteile durch stufenweise Kondensation in die in der Tabelle 10 angeführten Öle zerlegt.

Da der Bedarf an Benzin die Benzinmenge übersteigt, die als Destillatbenzin aus dem geförderten Erdöl gewonnen werden kann, so wird ein großer Teil der nach der Abdestillation des Leichtöles verbleibenden Erdölrückstände einem Krack- oder Spaltverfahren unterworfen. Sie werden unter Luftabschluß bei Gegenwart von Katalysatoren (wasserfreies Aluminiumchlorid, Ni oder andere

Tabelle 9. *Erdöle.*

Herkunft des Erdöles	spez. Gew. 15°	Zusammensetzung %				Ausbeute %					Flamm-punkt	Visk. 80° E°	H_u kcal/kg
		C	H	S	0+N +S	Leicht-öl	Leucht-öl	Schmier-öl	Paraff.	As-phalt			
Wietze Deutschl.	0,94	86	11	0,09	2	1	6	64	—	25	105	4,7	—
Elsaß	0,89	85,6	9,6	0,14	4,4	4—5	30—32	30—32	2,2	—	u. 15	—	—
Galizien	0,86	82,2	12,1	—	5,7	5—25	25—40	—	0—10	—	,,	—	10900
Rumänien	0,85	83	12,3	0,3	4—5,9	0—49	28—47	—	3,8—29	—	,,	—	—
Rußland	0,88	86	13	0,1	1	5	20—30	50—60	—	—	31	—	11160
Pennsylvanien	0,81	83,6	12,9	—	3	12	70	10	1,2	—	u. 15	—	9963
Mexico	0,94	82,7	12,2	2,3	3	—	—	—	—	—	80	dick fl.	—
Kaliforni.	0,96	—	—	—	—	—	—	—	—	—	82	4,3	10500
Argentin.	0,94	—	—	—	—	—	—	—	—	—	124	13,6	—
Sumatra	0,79	—	—	—	—	—	—	—	—	—	u. 0	—	—

Metalle) höheren Temperaturen (unter 500°) und höheren Drücken ausgesetzt. Bei dieser Behandlung werden die hochmolekularen Kohlenwasserstoffe des Rückstandes zu einfacheren Kohlenwasserstoffen, Gas und Petrolkoks aufgespalten. Die Krackverfahren sind heute so durchgebildet, daß die Spaltung

Tabelle 10. *Destillate des Erdöles.*

<table>
<tr><th rowspan="2">Destillat</th><th rowspan="2" colspan="2">Destill.-
(Kondens.)
Bereich</th><th colspan="4">Zusammensetzung</th><th rowspan="2">H_u
kcal/kg</th><th rowspan="2">spez.
Gew.</th><th rowspan="2">Flamm-
punkt</th><th rowspan="2">Verwendung</th></tr>
<tr><th>C</th><th>H</th><th>O</th><th>S</th></tr>
<tr><td>Leichtöl
(Benzine)</td><td colspan="2">bis 170°
(unter 180°)</td><td>85,1</td><td>14,9</td><td>—</td><td>—</td><td>10 160</td><td>0,65
bis
0,76</td><td>unter
0°</td><td>Motorantrieb, Erzeugung von Luftgasen chem. Zwecke</td></tr>
<tr><td>Leuchtöl
(Petroleum)</td><td colspan="2">170—280°
(150—300°)</td><td>85,3</td><td>14,1</td><td>o,6</td><td>0,2</td><td>10 500</td><td>0,79
bis
0,82</td><td>25—33</td><td>Motorantrieb
Beleuchtung,</td></tr>
<tr><td>Gasöl</td><td rowspan="3">280°
bis
350°</td><td rowspan="3">(200°
bis
350°)
(über
350°)</td><td rowspan="3">85,0
bis
87</td><td rowspan="3">13,0
bis
12,2</td><td rowspan="3">bis
0,14</td><td rowspan="3">0,2
bis
0,6</td><td rowspan="3">9 800
bis
10 200</td><td rowspan="3">0,85
bis
0,89</td><td>50—120</td><td>Erzeug. v. Öl-Blaugas Dieselmotor</td></tr>
<tr><td>Treiböl</td><td>65—160</td><td>Dieselmotor</td></tr>
<tr><td>Schmieröl</td><td>150—300</td><td>Schmiermittel</td></tr>
<tr><td>Heizöl (Masut,
(Pacuran)</td><td colspan="2">über 350°</td><td>85,2
bis
87,0</td><td>13,2
bis
11,7</td><td colspan="2">0,9—1,5</td><td>9 800
bis
10 100</td><td>0,84
bis
0,98</td><td>70—140</td><td>Heiz- u. Treibstoff</td></tr>
</table>

des Öles beliebig gelenkt werden kann. Es kann nach Wahl Benzin, Gas und Koks oder Benzin, Heizöl und Gas erhalten werden. Das Krackgas ist ein Gemenge von Methan, Aethan, Propan, Propylen, Butan, von welchen die letzten drei bei einem Druck von 20 atü verflüssigt und als „Flüssiggas" auf den Markt gebracht werden. Die ersten zwei werden ebenfalls in Flaschen verdichtet der Verwertung zugeführt. Mit Hilfe der Krackgase kann auch durch Polymerisation —Aufbau großer Moleküle aus kleinen unter Anwendung von Katalysatoren—Polymerisations-Benzin hergestellt werden. Dies ist gewissermaßen eine Umkehrung der Krackung. Seit 1937 übersteigt der Anteil des Spaltbenzin jenen des Destillatbenzins am Gesamtbenzinverbrauch. Die Leistung der Krackanstalten der Welt überstieg 1950 $130 \cdot 10^6$ t.

Ein anderer Weg zur Erhöhung der Benzinausbeute ist die Hochdruckhydrierung des Erdölrückstandes nach dem Verfahren von BERGIUS. Je nach der Durchführung werden dabei folgende Ausbeuten erzielt:

60% Benzin,	33% Leuchtöl	7% Hydriergas
73% „	15% Schmieröl	12% „
90% „	—	10% „

Das Hydriergas enthält Methan, Aethan, Propan, Propylen und Butan, die in gleicher Art, wie beim Spaltverfahren angeführt, verwertet werden. Während im Jahre 1913 nur 13,5% der Weltförderung auf Benzin, dagegen 59,7% auf Gas- und Heizöl, 26,8% auf Leucht- und Schmieröl verarbeitet wurden, wurden im Jahre 1937 40% zur Benzin-, 9% zur Leuchtöl-, 4% zur Schmieröl- und 47,5% zur Gas- und Heizölerzeugung herangezogen. Der Benzinanteil ist inzwischen weiter angestiegen.

23. Destillate des Erdöles. a) *Benzin oder Leichtöl* umfaßt die Bestandteile des Erdöles, die bis 170° abdestillieren. Je nach der Zusammensetzung des Rohöles enthält es vorwiegend Vertreter der Methanreihe $C_n H_{2n+2}$, oder solche der Naphtene $C_n H_{2n}$. Das Leichtöl wird durch stufenweise Destillation in die in der Tabelle 11 wiedergegebenen Benzinsorten zerlegt.

Tabelle 11. *Benzinsorten.*

Benzinart	spez. Gew. bei 150°, kg/dm³	Siedegrenzen °C	Verwendung
Gasolin I	0,650—0,660	30—80	Fliegerbenzin Luftgaserzeugung
Gasolin II (Leichtbenzin)	0,660—0,680	30—95	Putzmittel, Fliegerbenzin
Luxusbenzin	0,690—0,700	50—105	Automobil
Automobilbenzin	0,700—0,705	50—110	Automobil
Motorenbenzin	0,715—0,720	50—115	Automobil u. Kleinmot.
Handelsbenzin	0,725—0,735	70—115	Chemische Zwecke
Waschbenzin (Ligroin)	0,740—0,750	80—120	Putzzwecke
Schwerbenzin (Lackbenzin)	0,750—0,760	80—130	Lackerzeugung und ortsfeste Motore

Gasolin wird auch aus dem Erdgas extrahiert, im Jahre 1947 wurden in USA $15{,}5 \cdot 10^6$ t „Gasoline natural" gewonnen.

Der Flammpunkt der Benzine liegt unter 0°. Sie sind sehr feuergefährlich. Bei ihrer Bewertung als Treibstoff ist ihre durch die Oktanzahl ausgedrückte Klopffestigkeit von Bedeutung. Sie hängt von der Verbrennungsgeschwindigkeit des Benzines ab. Hohe Verbrennungsgeschwindigkeit hat eine „klopfende" Verbrennung oder eine geringe Klopffestigkeit zur Folge. Die Oktanzahl ist derjenige Prozentsatz an Iso-Oktan (Trimethylpentan) in Vol. % in einer Mischung mit n-Heptan, die in einer Standard-Einzylindermaschine unter festgelegten Versuchsbedingungen die gleiche Klopffestigkeit, wie das zu untersuchende Benzin, ergibt. Die Oktanzahl des Iso-Oktan = 100, jene des n-Heptans = 0. Die Klopffestigkeit des Benzins kann durch Zusatz von Bleitetraäthyl erhöht werden. Die Klopffestigkeit der Krackbenzine ist größer als jene der Destillatbenzine. Die Prüfung der Leichtkraftstoffe erstreckt sich weiter auf die Feststellung ihrer Kältebeständigkeit, ihres Wasseraufnahmevermögens und ihres Säurewertes, die durch DIN 53673, 53676 und 53678 genormt sind. Die Probenahme ist durch DIN 53651 geregelt.

b) *Petroleum oder Leuchtöl*, auch Steinöl genannt, ist trotz der ständig zunehmenden Verwendung des elektrischen Lichtes noch immer eine schwer zu entbehrende Lichtquelle. Es findet daneben auch als Treibstoff für ortsfeste Motore Verwendung.

c) *Gas-, Treib- und Schmieröl.* Das Gasöl dient zur Erzeugung von Öl- und Blaugas, es kann aber auch als Treibstoff für Dieselmotore herangezogen werden. Das Treiböl ist das wichtigste Betriebsmittel für Dieselmotoren.

An die Treiböle werden die folgenden Anforderungen gestellt: 1. bis 380°, bzw. 360°, unter Umständen bis 340° sollen mindestens 80% abdestillieren, 2. der Koksrückstand soll 3% nicht übersteigen, 3. freier Kohlenstoff soll nur in Spuren vorhanden sein, 4. der Aschengehalt soll unter 0,05% liegen, 5. das Treiböl soll keine freien Säuren und Alkalien enthalten, seine Neutralisationszahl soll kleiner als 0,3 sein, 6. sein Flammpunkt soll in den Grenzen von 60—100° liegen, 7. seine Cetanzahl soll größer als 40 sein, 8. die verschiedensten Dieseltreibstoffe sollen mit einander mischbar sein.

Die Cetanzahl ist ein Maß für den Zündverzug des Treibstoffes, das ist die Zeit zwischen Beginn der Einspritzung und der Zündung des Treibstoffes. Sie wird durch die Cetanzahl ausgedrückt, die den Volumsprozentsatz Cetan ($C_{16}H_{34}$) angibt, der in einer Mischung von Cetan und α-Methylnaphtalin unter den festgelegten Versuchsbedingungen den gleichen Zündverzug wie der zu untersuchende Treibstoff ergibt. Der Zündverzug des Cetans wird dabei 100 gleichgesetzt. Tabelle 12 gibt die Oktan- und Cetanzahlen einiger gasförmiger und flüssiger Treibstoffe wieder.

Tabelle 12. *Oktan- und Cetanzahlen.*

Treibstoff	Oktanzahl	Cetanzahl	Treibstoff	Oktanzahl	Cetanzahl
Methan	125	3	Butan	95	12,5
Flüssiggas. . . .	120	0	Benzin.	52	34,0
Motorbenzol . . .	115	2,5	Braunkohlenteeröl	40	40
Isooktan	100	10,0	Cetan	—80	100
Isobutan	99	10,5			

Das Schmieröl wird auf Schmiermittel für Maschinen aller Art verarbeitet.

d) *Heizöl,* Masut, Pacuran, der Destillations- oder Verdampfungsrückstand des Erdöles, ist eine zähe, schwarzbraune Flüssigkeit, die auch bei niederen Temperaturen nicht erstarrt. Der Stockpunkt der leichten Heizöle ist —10°, jener der schweren + 8°. Von den Heizölen wird verlangt, daß ihr Flammpunkt über 55° liegt, bei schweren Heizölen fällt er in die Grenzen von 100—150°. Seine Kenntnis ist notwendig, da die Vorwärmung des Heizöles danach eingestellt werden muß, sie muß 20° unter dem Flammpunkt liegen, jedoch so hoch sein, daß das Öl pumpfähig und fein zerstäubbar ist. Die Zerstäubbarkeit ist bei einer Viskosität von 1—1,5 Englergraden vorhanden. Heizöl wird zum Heizen der Lokomotiven, der Dampfkessel der Schiffe und Dampfkraftwerke, der Industrieöfen und anderer Feuerungsstätten verwendet.

C. Ölschiefer und seine Destillate.

Der Ölschiefer ist neben dem Erdöl der zweite natürliche Rohstoff zur Gewinnung flüssiger Brenn- und Treibstoffe. Er ist ein mit Bitumen getränktes Gestein, das, sobald seine Ölausbeute 10% übersteigt, in eisernen Retorten verschwelt oder in Gaserzeugern vergast wird. In beiden Fällen wird durch Abkühlung der Gase Schieferöl gewonnen, das wie das Erdöl in Leicht-, Leucht-, Gas-, Treib- und Schmieröl zerlegt wird.

Die Weltvorräte an Ölschiefer werden mit 470·10⁹ t mit einer Ölausbeute von 22 · 10⁹ t geschätzt. 360 · 10⁹ t = 15 · 10⁹ t Öl entfallen auf USA, 0,48 · 10⁹ t lagern in Schottland, 5 · 10⁹ t in Estland und Schweden. Bedeutende Vorkommen sind in der Mandschurei anzutreffen. Die Vorräte an Ölschiefer sind eine Reserve, die mit der fortschreitenden Erschöpfung der Erdöllager eine immer größere Bedeutung erlangen wird.

D. Braunkohlenschwelteer und seine Destillate.

Der Braunkohlenschwelteer ist das Haupterzeugnis der Verschwelung der Schwelbraunkohle. Seine Zusammensetzung und Ausbeute hängt von der Art der Schwelbraunkohle und der Durchführung ihrer Verschwelung ab. Er wird durch stufenweise Destillation in die in der Tabelle 13 wiedergegebenen Fraktionen zerlegt, die auch Angaben über deren Ausbeute, Zusammensetzung, Heizwert, spez. Gewicht, Flammpunkt, Viskosität und Verwendung des Rohteeres enthält.

Tabelle 13. *Braunkohlenschwelteer und seine Destillate.*

Gegenstand	Ausbeute* %	Zusammensetzung % C	H	O + N	S	H_u kcal	spez. Gew. 15°	Flammpunkt	Visk. bei 20° E°	Verwendung
Schwelteer	bis 50	82 bis 86	10 bis 7	bis 9	0,5 bis 1,5	8600 bis 9400	0,85 bis 0,91	32 bis 110	—	Gewinnung der Destillate, Hydrierung
Destillate: Leichtöl	2 bis 3	85	14	—	—	10 100	0,68 bis 0,78	unter 0°	—	wie Erdöl-Leichtöle
Destillate: Solaröl	2 bis 3	85,5	12,3	1,38	0,83	9 983	0,83 bis 0,86	66	1,05 bis 1,1	Ersatz für Leuchtöl
Destillate: Paraffinöl, helles	10 bis 12	86,4	11,2	1,68	0,81	9 735	0,86 bis 0,88	85	1,2 bis 1,25	Spaltgaserz. Treibstoff
Destillate: Paraffinöl, dunkles	30 bis 35	85,7	11,6	2,67	—	9 800	0,88 bis 0,90	100 bis 120	1,5 2,5	Spaltgaserz. Treibstoff
Destillate: Paraffinöl, schweres	10 bis 15	86	11,5	1,52	1	9 750	115 bis 0,92	0,905 bis 125	2 bis 2,66	Treibstoff
Destillate: Kreosotöl	4 bis 6	80	9,7	8,89	1,3	H_o 9 000	0,94 bis 0,98	90	1,82	Heizöl und Desinfektion
Destillate: Paraffin, weich	3 bis 6					—		—	—	Chem. Industrie
Destillate: Paraffin, hart	8—12					—		—	—	Chem. Industrie

* % des Rohteeres, es werden außerdem an Wasser, Gas und Verunreinigungen 20—25% erhalten.

Der Braunkohlenschwelteer ist ein ausgezeichneter Rohstoff für die Erzeugung von Hydrierölen, 2 t Braunkohlenteer liefern 1 t Benzin.

E. Steinkohlenteer und seine Destillate.

24. Steinkohlenteere sind wertvolle Nebenerzeugnisse. Sie werden als Gas- (Ausbeute bis 5%) und Koksteer (Ausbeute bis 3%) bei der Verkokung der Gas- bzw. Kokskohle und als Gaserzeugerteer bei der Vergasung der Steinkohlen gewonnen. Der Steinkohlenteer jeder Art ist eine schwarze, typisch riechende Flüssigkeit, ein Gemenge verschiedenster Kohlenstoffverbindungen, hauptsächlich aromatischer Natur, die zum Teil flüchtig sind und unzersetzt destillieren. Tabelle 14 gibt die durchschnittliche Zusammensetzung und Eigenschaften der verschiedenen Steinkohlenteere wieder.

Die Steinkohlenteere werden in der Regel durch stufenweise Destillation in die in der Tabelle 15 angeführten Fraktionen zerlegt, deren Ausbeute von der Zusammensetzung der Ausgangskohle und den Arbeitsbedingungen abhängt.

Übersteigt das Angebot an Steinkohlenteer die Nachfrage nach Teer zur Herstellung der Teerdestillate, so wird der Teer auch unmittelbar als Brennstoff verwertet. Er wird zu diesem Zweck vorgewärmt und durch eine Zerstäubungsvorrichtung zerstäubt. Die Vorwärmung darf weder zu hoch noch zu niedrig sein.

Tabelle 14. *Steinkohlenteere.*

Teerart	Wassergehalt %	wasserfreier Teer, % C	H	O+N	S	spez. Gewicht, 15°	Flammpunkt °	Visk. bis 20° E°	kcal/kg H_u
Gasteer	2—4	89,5	6,6	3,5	0,5	1,1—1,2	40—70	7—10	8750
Koksteer	2—5	86,0	6,7	4,5	0,4	1,1—1,19	90—135	versch.	8850
Gaserzeugerteer	b. 30	91,0	7,3	2,0	—	0,97—1,12	30—95	2—15	9100

Im ersten Fall tritt Dampfbildung ein, die zu einem unregelmäßigen Brennen führt, im zweiten Fall tritt leicht ein Verstopfen der Leitungen ein. Steinkohlenteer zündet schwer.

25. Destillate des Steinkohlenteers a) *Leichtöl* besteht der Hauptsache nach aus aromatischen Kohlenwasserstoffen und zwar aus Benzol und seinen Homologen. Es ist eine gelbliche bis dunkelbraune Flüssigkeit, die nach Entfernung des Phenols

Tabelle 15. *Destillate des Steinkohlenteers.*

Destillat		Destillat Temperatur	Ausbeute bis %		spez. Gew. 15°		H_u kcal/kg	Verwendung	
Leichtöl		bis 170°	1—2		0,91—0,95		9600	Treib- und Rohst.	
Mittelöl	Teeröl	170—230°	8—10	bis 40	1,01	1,04 bis 1,06	8800 bis 9200	Rohstoff	Treib- und Rohst.
Schweröl		230—270°	6—10		1,04			Rohstoff	
Anthrazenöl		270° bis Zers. Tem.	16—25		1,1			Rohstoff	
Pech (10—20% fr. C)		Rückst.	bis 60		1,2		8300 bis 8700	Brikettierungsm. Brennstoff	

mit Natronlauge und der Ausscheidung der Pyridinbasen mit Schwefelsäure durch stufenweise Destillation in Benzol 60—68% (bis 100°), Toluol 3% (100—120°), Solventnaphta I (120—150°), Solventnaphta II (140—180°) und Schwerbenzol 16% (160—200°) zerlegt wird. In Deutschland wird seit 1936 auch Benzol hergestellt, das für Flugmotoren geeignet ist. Das Benzol wird gemeinsam mit dem Benzin als Treibstoff für Kraftwagen verwendet. Rohbenzol wird außerdem in einer Menge von 10—16 kg/t Kohle aus dem Verkokungsgas extrahiert. Als Treibstoff zeichnet sich das Benzol durch seine hohe Klopffestigkeit aus (Oktanzahl 115), es ist jedoch nicht so leicht verbrennlich wie das Benzin, läßt aber eine hohe Verdichtungsspannung zu. Sein Flammpunkt liegt unter 0° (—16°). Das Benzol ist ebenso wie die übrigen Destillate des Leichtöles Rohstoff der organisch-chemischen Industrie. Die Welterzeugung von Benzol erreichte 1936 die Höhe von $1{,}506 \cdot 10^6$ t.

b) *Mittelöl*, der von 170—230° übergehende Teil des Teeres ist eine gelbe bis bräunlich gefärbte Flüssigkeit, aus welcher man den Hauptbestandteil Naphtalin (bis 40%) beim Abkühlen auskristallisieren läßt. Das zurückgebliebene Öl wird durch stufenweise Destillation in Karbol-, Kreosot- und Naphtalinöl zerlegt. Sie sind wie das Naphtalin Rohstoffe der organisch-chemischen Industrie. Überschüssiges Naphtalin wird als Brennstoff verwendet, es muß vor dem Zerstäuben geschmolzen werden.

c) *Schweröl*, der von 230—270° siedende Anteil des Steinkohlenteers, enthält ebenfalls Naphtalin als Hauptbestandteil. Es ist bei Raumtemperatur fest und wird durch stufenweise Destillation auf Naphtalin- und Waschöl verarbeitet, die der organisch-chemischen Industrie zugeführt werden.

d) *Anthrazenöl*, der von 270° bis zur Zersetzungstemperatur flüchtige Anteil des Teeres, hat eine gelbgrüne Farbe: Sein Hauptbestandteil ist das Anthrazen, der Ausgangsstoff für die Erzeugung der Teerfarben und anderer organischer Stoffe.

e) *Teeröl*. Werden die über 170° flüchtigen Bestandteile der Steinkohlenteere gemeinsam aufgefangen, so wird das Teeröl erhalten. Es wird als Treibstoff für Dieselmotore, Imprägnierungs- und Heizöl verwendet. Steinkohlenteerheizöl hat einen Heizwert von 8900 kcal/kg, einen Wassergehalt von 1% und eine Dichte von 1,12.

F. Steinkohlenschwelteer (Urteer) und seine Destillate.

Der Urteer ist das Haupterzeugnis der Verschwelung der jüngeren Steinkohlen-Flamm- und Gasflammkohlen. Seine Ausbeute, bis zu 15%, und Zusammensetzung hängen von der Natur der entgasten Steinkohle und der Durchführung der Entgasung ab. Wesentlich dabei ist, daß die flüchtigen Bestandteile schnellstens abgeführt werden. Er unterscheidet sich von dem Steinkohlenteer dadurch, daß er Paraffin, aber kein Naphtalin und keine leichtflüchtigen Bestandteile benzolartiger Natur enthält. Sein Phenolgehalt steigt mit der Teerausbeute an, er vermindert den Wert des Urteeres als Brenn- und Treibstoff. Der Urteer wird durch stufenweise Destillation zerlegt in: Nichtviskose Öle (6—15%), Schmieröle (10%), Neutrale Harze (1%), Roh-Paraffin (1%), Pech (6%), Phenol und Kresol (50%), Wasser und Verluste (17%). Der Urteer eignet sich auch sehr gut zur Erzeugung von Hydrier-Ölen. Er hat ein spez. Gewicht von 1,03—1,07, einen Flammpunkt von 120° und einen H_u von 9300 kcal.

G. Hydrier-Öle.

Das beschränkte Vorkommen an Erdöl und der ständig zunehmende Bedarf an seinen Destillaten, insbesonders an Benzin, hatten zur Folge, daß insbesondere in Deutschland eine Reihe von Verfahren ausgearbeitet wurden, mit deren Hilfe aus Braunkohlen, jüngeren Steinkohlen und deren Abkömmlingen, Braunkohlenschwel- und Urteer-, Braun- und Steinkohlenextract oder Erdölrückständen Leicht-, Treib-, Schmier- und Heizöl hergestellt werden können. Es wird dabei nach den folgenden Hochdruckhydrierverfahren gearbeitet.

26. Hochdruckhydrierverfahren von Bergius. Bei diesem von Bergius gemeinsam mit der Badischen Anilin- und Sodafabrik der I. G. Farben ausgearbeiteten B. A. S. F.-Verfahren werden die zu hydrierenden Braun- oder Steinkohlen, sowie deren Abkömmlinge — Braunkohlenschwel- und Urteer — oder die Erdölrückstände bei Temperaturen von 450—500° bei einem Druck von 200—700 atü in Gegenwart von Katalysatoren mit Wasserstoff behandelt. Es tritt dabei eine Aufspaltung der hochmolekularen Verbindungen und eine Wasserstoffaufnahme ein. Durch richtige Wahl des Katalysators, es sind dies Molydän, Wolfram und andere Elemente der 5. und 6. Gruppe des periodischen Systems der Elemente, die durch Zusatz von Metalloiden aktiviert werden, und die Wahl der geeigneten Arbeitsbedingungen — Druck und Temperatur — wird es ermöglicht, daß die Spaltung und Hydrierung in der gewünschten Richtung möglichst vollkommen verläuft. Die getrocknete, feinkörnige, mit Schweröl zu einer Paste vermengte Kohle wird durch Pumpen in die Hydriergefäße befördert. Nach der Hydrierung wird filtriert. Das Filtrat wird stufenweise destilliert. Das dabei erhaltene Schweröl wird wieder zur Herstellung der Kohlenpaste verwendet. Das Mittel- und das überschüssige Schweröl werden zur Umwandlung in Leichtöl in dem sogenannten Benzinofen bei Temperaturen um 400° in Dampfform über einen fest angeordneten Katalysator geführt, wobei sie sich in Benzin und Dieselöl umwandeln. Zur Erzeugung von 1 kg Benzin werden 4,5 kg Steinkohle benötigt, gleichzeitig werden noch 0,24 kg „Flüssiggas“ erhalten. $^1/_3$ der verbrauchten Kohle werden in den flüssigen und gasförmigen Kraftstoff übergeführt, 1,75 kg werden zur Erzeugung des notwendigen Wasserstoffes, 1,25 kg zur Erzeugung der notwendigen Kraft und Wärme verbraucht.

Die Voraussetzung für die Wirtschaftlichkeit des Verfahrens ist billiger Wasserstoff, der jedoch nicht 100% rein sein muß.

In Deutschland wurden schon im Jahre 1937 900 000 t Hydrierbenzin hergestellt, die während des Krieges erreichte höchste Jahreserzeugung belief sich auf $3 \cdot 10^6$ t Hydrierbenzin. In England arbeitet seit 1935 eine Großanlage (150 000 t Benzin/Jahr). In Frankreich war vor dem Kriege eine Anlage für eine Jahresleistung von 300 000 t Benzin im Bau. In Japan waren zu dieser Zeit Großanlagen für eine Jahreserzeugung von $2 \cdot 10^6$ t Benzin geplant. Auch die USA zeigte Interesse für das Hydrierverfahren. Die erste Großanlage für die Hydrierung von Kohle wurde jedoch erst 1950 in Betrieb genommen. Der Ausbau soll weiter bis zu einer Jahreserzeugung von $100 \cdot 10^6$ t Benzin fortgesetzt werden.

27. Hochdruckhydrierverfahren von Pott und Brosche. Dieses ebenfalls in Gemeinschaft mit der I. G-Farben entwickelte Verfahren geht von Braun- und jüngeren Steinkohlen aus. Die Kohlen werden aber nach ihrer Trocknung und Zerkleinerung nicht unmittelbar hydriert, sondern es wird aus der auf 1—2 mm zerkleinerten, getrockneten Kohle ein Extract hergestellt, das dann der Hochdruckhydrierung unterworfen wird. Zur Herstellung des Kohlenextractes werden die Kohlen 10° unter ihrer Zersetzungstemperatur unter Druck mit dem aus Tetralin (Tetrahydronaphtalin), Naphtenen und sauren Ölen bestehenden Extractionsmittel behandelt. Es gehen dabei bei der Steinkohle 80—90%, bei der Braunkohle bis zu 95% in Lösung. Das Extractionsmittel wird dem Filtrat durch Destillation entzogen, es wird nach seiner Regenerierung wieder verwendet. Das glänzende, pechschwarze Extract, das bei der Braunkohle bei 100°, bei der Steinkohle bei 200° schmilzt, wird dann bei hohen Temperaturen und einem Druck von 700 atü hydriert. Dieses Verfahren wird seit 1937 in Großanlagen durchgeführt, deren erste auf der Zeche Ver. Welheim in Bottrop-Boy errichtet wurde.

28. Verfahren von Uhde. Ein zweites Extractions-Verfahren wurde von Uhde ausgearbeitet. Er verwendet als Lösungsmittel für das Extract ein Mittel, das durch dessen Hydrierung hergestellt wird. Die Extraction der getrockneten, feingemahlenen Kohle wird mit 0,65—1,2 kg des Extractionsmittels je kg Kohle bei 340—410°, bei 40 atü und bei Gegenwart von wasserstoffhaltigen Gasen (Kokereigas) in Autoklaven durchgeführt. Nach Abscheidung des Wassers und des Leichtöles wird filtriert. Nach Abdestillation des Lösungsmittels werden bei der Braunkohle 70—85, bei Steinkohle 80—85% als Extract erhalten. Die Ausbeute ist bei Braunkohle kleiner, da ein Teil derselben schon bei der Extraction hydriert wird. Das Extract wird wie bei den Verfahren Pott-Brosche hydriert.

H. Synthetische Öle.

Ein anderer Weg, um mit Hilfe der Kohle flüssige Brennstoffe zu erzeugen, wurde von Fischer und Tropsch eingeschlagen; sie haben das Synthol- oder Kogasin-Verfahren ausgearbeitet, das mit Hilfe des durch Vergasung der Kohle erhaltenen Wassergases, dessen CO teilweise zur Erzielung des Verhältnisses $CO + 2\,H_2$ konvertiert wird, Öle herstellt. In den USA ist dieses Verfahren heute auch schon in Anwendung, es wird dort jedoch das Synthesegas aus Erdgas hergestellt. Dieses Verfahren wird als Hydrosolverfahren bezeichnet. Es ist von der Carthago Hydrosol Inc. in Brownsville (Texas) entwickelt worden.

29. Kogasin-Synthese von Fischer und Tropsch. Bei diesem Verfahren werden sämtliche Stoffe des Erdöles vom Benzin bis zum festen Paraffin aus CO und 2 H_2 synthetisch aufgebaut:

$$x\,(CO) + x \cdot 2\,H_2 = x \cdot (CH_2) + x \cdot H_2O + 44\,000\ \text{kcal}\,.$$

Das vom Schwefel bis auf 0,1—0,2 g/100 m^3 gereinigte Synthesegas wird bei Temperaturen von 200—300° über geeignete Katalysatoren (Co, Th) geleitet, wobei Paraffin-Kohlenwasserstoffe mit der Kettenlänge von C_3 bis zu sehr hohen Kohlenstoffzahlen entstehen. Je nach der Arbeitstemperatur und der Art der Katalysatoren können aus dem Synthesegas sämtliche Stoffe des Erdöles ohne Anwendung von Druck hergestellt werden. Das Verfahren arbeitet mit einem Wirkungsgrad von 25—30% (für 1 kg Benzin- oder Dieselöl werden 6 kg Koks benötigt). Nach diesem Verfahren wird seit 1933 in Deutschland in Großanlagen gearbeitet. Die Mindest-Jahresleistung derselben muß 25 000 t betragen. Die B. A. S. F. hat das Verfahren dahingehend geändert, daß sie Fe als Katalystor verwendet, sie wälzt weiter das Synthesegas um, wodurch eine Kühlung und damit eine Erhöhung der Ausbeute erreicht wird.

30. Mitteldrucksynthese von Fischer und Pichler. In diesem Fall wird die Synthese unter einem Druck von 20 atü durchgeführt, dadurch werden höhere Benzinausbeuten und eine längere Lebensdauer der Katalysatoren erzielt. Die Durchführung in mehreren Stufen unter Zwischenschaltung einer Herausnahme der in der ersten Stufe gebildeten Produkte erhöht weiter die Benzinausbeute.

31. Hydrosol-Verfahren. Bei diesem Verfahren wird das für die Synthese notwendige Gas durch Verbrennung des Methans des Erdgases mit Sauerstoff bei Temperaturen von 1100—1200° bei Gegenwart von Ni als Katalysator hergestellt, $2\,CH_4 + O_2 = 2\,CO + 4\,H_2$. Außerdem wurde das Fischer-Tropsch-Verfahren vervollkommt, so daß aus der gleichen Gasmenge ungefähr 30% mehr Öl gewonnen wird. Das erhaltene Benzin wird durch Polymerisation der Propylene und Butylene verbessert, so daß es den Vergleich mit dem Krack- und Destillatbenzin aushalten kann. Die bei der Synthese anfallenden Nebenerzeugnisse sind begehrte Rohstoffe der Kunststoff-Kunstseide und anderer chemischer Industrien. Die Kosten des Hydrosolbenzins betragen 1,5 Cents gegen 1,3—1,6 für das Erdölbenzin.

Das nicht durch Polymerisation der Propylene und Butylene verbesserte synthetische Benzin ist nicht so klopffest, wie das Krack- und Destillatbenzin, seine Klopffestigkeit kann durch Beimengung von Benzol und Spiritus, oder durch geringe Mengen Bleitetraäthyl erhöht werden.

I. Spiritus.

Spiritus, wasserhältiger Äthylalkohol ($C_2H_5\,(OH)$), wird durch Vergärung von Kohlenhydraten gewonnen. Die Rohstoffe für seine Herstellung sind die Kartoffel, das Grünmalz, die Melasse der Rüben- und Rohrzuckererzeugung, die Abwässer der Zelluloseerzeugung. Er wird auch mit Hilfe eines in Frankreich und Belgien entwickelten Verfahrens synthetisch durch Wasseranlage an Äthylen hergestellt, das aus dem Koksgas gewonnen wird. Man erhält je t Kokskohle 10 kg Alkohol. Reiner Äthylalkohol enthält 52,13% C, 13,14% H_2 und 34,47% O_2, sein Heizwert beträgt 362 kcal, sein spezifisches Gewicht 0,79, sein Flammpunkt 18°. Er wird in den Staaten, die über kein Erdöl verfügen, zum Antrieb von Kleinmotoren und gemischt mit Benzin und Benzol als Treibstoff für Kraftwagen verwendet. Er hat gegenüber den anderen Motortreibstoffen den Vorteil, daß seine Auspuffgase geruchlos sind, ein Hemmschuh für seine Verwendung als Treibstoff ist sein hoher Preis.

IV. Gasförmige Brennstoffe.

A. Allgemeines.

Gasförmige Brennstoffe finden sich in der Natur nur an wenigen Plätzen und zwar meist an den Orten der Erdöllagerstätten vor, die Höhe ihrer Vorräte ist nicht abschätzbar. Infolge der Vorteile der Gasfeuerung werden sie jedoch in allen Staaten auf künstlichem Wege durch Ent- und Vergasung von festen und flüssigen Brennstoffen erzeugt. Die Vorteile der Gasfeuerung sind: 1. Vollständige, vollkommene Verbrennung des Gases mit geringem Luftüberschuß, 2. Möglichkeit der Vorwärmung des Gases. Beide Vorteile haben eine höhere Flammentemperatur und eine bessere Ausnützung der Abhitze und damit einen höheren wärmewirtschaftlichen Wirkungsgrad zur Folge. Manche Verfahren, wie das Schmelzen von Stahl im Flammofen, können, wenn nicht hochwertige flüssige Brennstoffe zur Verfügung stehen, nur mit Hilfe der Gasfeuerung durchgeführt werden. 3. Rasche Anpassung der Feuerung an wechselnde Betriebsverhältnisse und leichte Einstellung einer reduzierenden Ofenatmosphäre. 4. Leichte Wartung und Bedienung der Feuerung, die bei reinen Gasen auch automatisch geregelt werden kann, sowie keine Aschenabfuhr. 5. Die Vergasung ermöglicht durch Ausschaltung der Ballaststoffe-Feuchtigkeit und Asche minderwertige feste Brennstoffe allen Verwendungszwecken zuzuführen. 6. Die Vergasung und Entgasung läßt die Gewinnung der wertvollen flüchtigen, bei Raumtemperatur flüssigen Bestandteile der festen Brennstoffe zu, wodurch diese vollkommener ausgenützt werden. Die Ent- und Vergasung der fes en Brennstoffe gewinnt daher eine immer größere Bedeutung. Die gasförmigen Brennstoffe werden nach der Tabelle 16 eingeteilt, die auch Angaben über den durchschnittlichen Heizwert und die durchschnittliche Zusammensetzung der einzelnen Gase und deren Ausbeute enthält.

Der obere Heizwert des Gases wird entweder mit Hilfe des JUNKERschen Gaskalorimeters bestimmt, er kann jedoch auch auf Grund der Zusammensetzung des Gases berechnet werden. DIN 1872 gibt für die Berechnung des unteren und des oberen Heizwertes der Gase die folgenden Formeln an:

$$H_u = 30{,}2\,CO + 25{,}7\,H_2 + 85{,}5\,CH_4 + 153{,}7\,C_2H_6\ \text{kcal/m}^3,$$
$$H_0 = 30{,}2\,CO + 30{,}5\,H_2 + 95{,}2\,CH_4 + 168{,}2\,C_2H_6\ \text{kcal/m}^3.$$

Tabelle 17 gibt eine Übersicht über die unteren und oberen Heizwerte der einzelnen Gase je m³ und je kg, berechnet nach DIN 1872 (s. Anm. S. 39). Es ist

Tabelle 17. *Heizwerte der wichtigsten Gase.*

Gas		kcal je m³		kcal je kg	
Art	Formel	Hu	H_o	H_u	H_o
Kohlenoxyd	CO	3020	3020	2420	2420
Wasserstoff	H_2	2570	3050	28570	33910
Methan	CH_4	8550	9520	11930	13280
Azetylen	C_2H_2	13600	14090	11620	12030
Äthylen	C_2H_4	14320	15290	11360	12130
Äthan	C_2H_6	15370	16820	11330	12410
Propylen	C_3H_6	21070	22540	11000	11770
Propan	C_3H_8	22350	24320	11070	12040
Butylen	C_4H_8	27190	29110	10860	11630
n-Butan	C_4H_{10}	29510	32010	10920	11840
iso-Butan	C_4H_{10}	29050	31530	10890	11820
Benzol	C_6H_6	33520	34960	9620	10030

Tabelle 16. *Technische Gase (Heiz-, Leucht- und Kraftgase). (Vergl. DIN 1340[1]).*

Haupt-Gruppe	Gruppe	Unter-Gruppe		Gasart	Gas	H_u kcal/m³	Zusammensetzung % CO_2	CO	H_2	CH_4	C_nH_m	Ausbeute m³/t
nat. Gase	—	—		Methangase	Erdgas	5 200 bis 8500	bis 0,8	bis 1	2÷35	58÷93	0,2÷0,8	—
künstliche Gase	aus flüssigen Brennstoffen	Ölgase		Luftgase	Pentairgas Benoidgas Aerogengas	2 300	mit Leichtöldämpfen gesättigte Luft					—
				Carbogase	karbor. Wassergas	6 500	6,2	14	25	33	17	—
				Spaltgase	Ölgas	5300	2,5	9	40	35	7	—
					Blaugas	10 000 bis 12 000	—	—	—	—	—	—
	aus festen Brennstoffen	Entgasungsgase	Reichgase	Schwelgas	Holzgas	3 000	25	27	25	17	6	3% v. Hu
					Torfgas	3 700	32	22	12	25	4	180
					Braunk.-gas	5 800	20	13	22	25	18	140
					Steink.-gas	6 900	3	7	27	48	13	100
				Verkokungsg.	Leuchtgas	5 000	2	8	51	32	4	340
					Koksofeng.	4 300	2	6	55	26,5	2,5	320
		Vergasungsgase	Vollgase	Wassergas	Koks-	2 600	5	42	49	0,5	—	2 200
					Kohlen-	2 800	7	28	45	8	0,6	1 800
				Oxygas	Lurgigas (Braunk.)	4 100	2	22	50	24	0,8	1 000
			Schwachgase	Luftgase	Siemens- Kohl.	1 140	5	25	6	3	0,2	4 000 StK.
					Siemens- Koks	10 50	2	31	2,5	—	—	4 500
					Gichtgas	950	8	28	4	0—0,5	—	3 800
				Mischgas I	Braunkohl.-	1 400	5	25	10	5	0,4	2 600
					Steinkohl.-	1 450	3	28	12	3	0,2	3 750–4700
					Koks- (Sauggas)	1180	7	22	18	0,4	—	4 300
				II	Mondgas	1 320	16	12	25	4	0,5	4 000 (Steink.)
	—	Flaschengase		Ferment Schwel-Hydrier und Krackgase	Methan	8 550	—	—	—	100	—	—
					Aethan	15 370	—	—	—	—	—	—
					Aethylen	14 320	—	—	—	—	—	—
					Flüssigg. Propan	22 350	—	—	—	—	—	—
					Flüssigg. Propyl.	21 070	—	—	—	—	—	—
					Flüssigg. Butan	29 510	—	—	—	C_2H_2	—	—
				Karbidgas	Dissousgas	13 600	—	—	—	100	—	300 l/kg Karbid
	aus Nicht-Brennstoffen			—	Wasserstoff	2 570	—	—	—	100	—	—

Besondere Bezeichnung einzelner Gasarten			
	Stadt- und Ferngas	Gemenge v. Leucht- u. Wassergas	dient zur Stadt- und Fernversorgung
		Koksofeng.	
		Oxygas	
	Reing.	—	jedes von Teer, Staub gereinigtes Gas, bei Gaserzeugergas auch Kaltgas
	Rohgas	—	jedes ungereinigte Gas

Die gesperrt gedruckten Gasarten und Gase sind Nebenerzeugnisse.

[1] DIN 1340: Brennbare technische Gase (Brenngase), Benennungen. Anmerkung: Maßgebend ist jeweils die neueste Auflage der Normblätter, die vom Beuth-Vertrieb, Berlin W 15 oder Köln, zu beziehen ist.

$$H_u = H_0 - 6\,w$$

wobei w die Menge Wasserdampf in kg ist, die bei der Verbrennung eines m³ oder eines kg Gas entsteht. Auch bei der Gasfeuerung wird die Verdampfungswärme des Verbrennungswassers nicht ausgenützt, so daß auch bei den gasförmigen Brennstoffen der untere Heizwert für ihre Beurteilung herangezogen wird.

DIN 1871 gibt die Normkubikmetergewichte der technischen Gase wieder.

B. Naturgase.

Naturgase sind: 1. Das Erdgas, das in den Erdöl- und Ölschiefergebieten und vereinzelt auch an anderen Stellen anzutreffen ist; 2. das Sumpfgas, das bei der Vertorfung oder Vermoderung der abgestorbenen Pflanzen und Tiere im Torfmoor entsteht; 3. das Grubengas, schlagende Wetter, das in den Steinkohlenlagerstätten auftritt. Sie sind die gasförmigen Zersetzungsprodukte, die bei der Entstehung der festen und flüssigen Brennstoffe frei wurden und noch frei werden. Ihr Hauptbestandteil ist das Methan, weshalb sie auch Methangase genannt werden. Von diesen Gasen kommt nur das Erdgas in solchen Mengen vor, daß es technisch verwertet werden kann.

32. Das Erdgas ist ein hochwertiger gasförmiger Brennstoff, Tabelle 18 gibt ein Bild über die Zusammensetzung der Erdgase einzelner Fundorte und ihrer Heizwerte. Das Erdgas wird durch Ferngasleitungen zur Gasversorgung weiter Gebiete verwertet, in den USA wird es auch zur Herstellung von synthetischem Benzin (Hydrosolverfahren) und Rußerzeugung (1937 175 000 t) herangezogen. Es ist mitunter heliumhältig und dann gleichzeitig die Quelle für die Gewinnung dieses Edelgases. Im verdichteten Zustand wird das Erdgas auch als Treibstoff für Kraftwagen und als Brennstoff für das autogene Schweißen und Schneiden verwendet.

Der Anteil des Erdgases an der Weltenergieversorgung steigt, wie Abb. 1 zeigt, langsam an, er hat im Jahr 1950 die Höhe von 5,3% erreicht. Die überwiegende Menge des Erdgasverbrauches entfällt auf die USA., es wird dortselbst zu 20% für häusliche, zu 80% für gewerbliche Zwecke verwendet. Die Länge der amerikanischen Erdgasleitungen beträgt 150 000 km.

Tabelle 18. *Erdgase.*

Herkunft	Zusammensetzung %								H_u kcal/m³
	CO_2	CO	H_2	CH_4	C_nH_m	O_2	N_2	S	
Neuengamme	—	—	—	95,4	1,26	—	3,32	—	8262
Siebenbürgen	—	—	—	99,1	—	0,2	0,7	—	8486
Ohio	0,2	0,6	1,9	92,9	0,20	0,4	3,82	0,15	8013
Pennsylvanien	0,4 bis 0,8	0,4 bis 1,0	9—35	72,5	0,6 bis 0,8	0,8 bis 2,1	0—23	—	5124 bis 6409
Grubengas	0,9	—	—	76,2	—	3,1	19,8	—	6528

C. Künstliche gasförmige Brennstoffe aus flüssigen Brennstoffen.

Gasförmige Brennstoffe werden aus flüssigen Brennstoffen entweder durch Verdampfung von Ölen im Luftstrom oder im Strom eines brennbaren Gases, oder durch ihre trockene Destillation unter Luftabschluß hergestellt. Sie haben keine große praktische Bedeutung, sie werden in den meisten Fällen nur dort erzeugt, wo ein hochwertiges Gas benötigt wird, die Verbrauchsstelle aber nicht an eine Ferngasleitung angeschlossen werden kann. Sie werden Ölgase benannt. Nach der Art der Herstellung unterscheidet man die folgenden Arten:

33. Kaltluft- und Karbogase. Kaltluftgase werden durch Verdampfen von Leichtölen im Luftstrom erhalten. Sie sind nichts anderes als mit Kohlenwasserstoffen gesättigte Luft. Vertreter der Kaltluftgase sind das Pentair-Benoid- und Aerogengas. Sie sind ein Ersatz für das Leuchtgas, sie finden in chemischen und sonstigen Laboratorien Verwendung, die über keinen Anschluß an ein Stadt- oder Ferngasnetz verfügen.

Karbogase werden ebenfalls durch Verdampfung von Leichtölen hergestellt, in diesem Fall erfolgt jedoch die Verdampfung in einem Strom eines brennbaren Gases. Gewöhnlich wird hierzu Wassergas verwendet. Karburiertes Wassergas wird in größeren Mengen in den Leuchtgasanstalten erzeugt, um die Gasausbeute durch die teilweise Vergasung des Gaskokses zu Wassergas zu erhöhen. Auch Schwachgase, die keine Kohlenwasserstoffe enthalten, werden karburiert, um eine leuchtende Flamme und damit einen besseren Wärmeübergang zu erhalten. Die Karburierung hat selbstverständlich auch eine Erhöhung des Heizwertes des Gases und alle damit verbundenen günstigen Auswirkungen — Erhöhung der Flammentemperatur, günstigerer wärmewirtschaftlicher Wirkungsgrad — zur Folge.

34. Spaltgase werden durch Verdampfung und thermische Spaltung von Gasöl und anderen bei Raumtemperatur flüssigen Kohlenwasserstoffen erhalten. Die bekanntesten Vertreter dieser Gasart sind das Öl- und das Blaugas. Blaugas wird aus dem Ölgas durch Verdichten desselben auf 20 atü hergestellt. Es werden dabei die schweren Kohlenwasserstoffe des Ölgases verflüssigt, während der H_2, das CH_4, C_2H_6 und C_2H_4 gasförmig bleiben, soweit sie sich nicht in dem verflüssigten Teil lösen. Dieser ergibt das Blaugas, eine wasserhelle Flüssigkeit vom spez. Gewicht 0,5 und dem Siedepunkt von —55°. Ölgas ist ein Ersatz für Stadtgas, Blaugas wird zur Beleuchtung von Seezeichen, zum autogenen Schweißen, Schneiden und Löten verwendet. Tabelle 16 gibt ihre durchschnittliche Zusammensetzung und ihren durchschnittlichen H_u an.

D. Künstliche gasförmige Brennstoffe aus festen Brennstoffen.

Die festen Brennstoffe werden durch die Tief- oder Hochtemperaturentgasung teilweise, durch die Vergasung vollständig in den gasförmigen Zustand übergeführt. Die bei der Tief- oder Hochtemperaturentgasung erhaltenen Gase werden in der Untergruppe „Reichgase" zusammengefaßt. Die durch Vergasung der festen Brennstoffe erzeugten Gase werden in die Untergruppen „Voll"- und „Schwachgase" unterteilt.

35. Reichgase. Die Entgasungsgase werden deshalb als Reichgase bezeichnet, weil sie reich an brennbaren Bestandteilen, insbesondere reich an Kohlenwasserstoffen sind. Sie werden nach der Höhe der Entgasungstemperatur in Tieftemperaturentgasungs- oder Schwelgase und in Hochtemperaturentgasungs- oder Verkokungsgase unterteilt. Mit der Höhe der Entgasungstemperatur ändert sich die Zusammensetzung des Entgasungsgases; mit steigender Entgasungstemperatur fällt wie das folgende Beispiel (Tabelle 19) zeigt, der Gehalt des Gases an Kohlenwasserstoffen, dafür steigt der Wasserstoffgehalt an.

Tabelle 19. *Entgasungsergebnisse, Steinkohle.*

Entgasungstemperatur		600°	800°	950°
Gas-zusammensetz.	CO_2 %	3	4	4
	CO %	4	5	8
	H_2 %	31	45	50
	CH_4 %	55	38	25
	CnHm %	4	3,5	3
Heizwert H_0 kcal/m³		7400	6000	5200
Ausbeute	Gas %	12	18	23
	Teer %	8	7	4
	Koks %	80	75	73

Damit erniedrigt sich mit der steigenden Entgasungstemperatur der Heizwert, es erhöht sich jedoch die Gasausbeute. Teer- und Koksausbeute gehen dementsprechend mit zunehmender Entgasungstemperatur zurück.

a) *Schwelgase* sind Nebenerzeugnisse der Verschwelung der festen Brennstoffe. Nach dem Ausgangsbrennstoff werden die folgenden Schwelgase unterschieden: Holz-, Torf-, Braunkohlen-, Steinkohlenschwelgas. Tabelle 16 gibt ihre durchschnittliche Zusammensetzung, ihren H_u und ihre durchschnittliche Ausbeute je t Brennstoff wieder. Ihr CO_2- und CO-Gehalt nimmt entsprechend dem abnehmenden O_2-Gehalt des Brennstoffes vom Holzgas zum Steinkohlenschwelgas ab, dafür steigen die Gehalte an H_2, CH_4, CnHm und der H_u vom Holzgas zum Steinkohlenschwelgas an. Die Schwelgase sind hochwertige Brennstoffe, die zu den gleichen Zwecken, wie das Leuchtgas Verwendung finden und auch für alle industriellen und gewerblichen Feuerungen vorzüglich geeignet sind. Sie werden weiter in Stahlflaschen verdichtet auf den Markt gebracht. Sie können außerdem als Treibgas verwertet werden.

b) *Verkokungsgase* sind das Leucht- und Koksofengas. Das erste ist das Haupt-, das letzte das gasförmige Nebenerzeugnis der Hochtemperaturentgasung oder Verkokung der Gas- bzw. der Kokskohle. Tabelle 16 gibt ihre durchschnittliche Zusammensetzung, Ausbeute/t Kohle und ihren durchschnittlichen H_u wieder. Beide Gase unterscheiden sich nicht sehr wesentlich von einander. Das Leucht- oder Stadtgas ist in der Regel kein reines Verkokungsgas der Gaskohle, es ist eine Mischung von 60—70% Verkokungs- und 40—30% Wassergas, sein unterer Heizwert darf jedoch 3800 kcal/m^3 nicht unterschreiten, er liegt gewöhnlich in den Grenzen von 3800 bis 4200 kcal/m^3. Das Stadtgas wird heute in allen Staaten, die über Kokskohlen verfügen, durch das in Ferngasleitungen verfrachtete Koksofengas ersetzt. Beide Gase sind hochwertige Brennstoffe, die sich zum Betrieb aller Arten der gewerblichen und industriellen Öfen und Feuerungen, weiter zum autogenen Schweißen, Schneiden und Löten, im verdichteten Zustand als Treibstoff für Kraftfahrzeuge aller Art eignen. Auch ortsfeste Motore werden mit beiden Gasen angetrieben. In Deutschland wurden im Jahre 1938 2,7 $\cdot$ 10^9 m^3 Koksofenferngas verbraucht. Das Koksofengas ist weiter ein Rohstoff zur Schwefelgewinnung. In Deutschland wurden daraus jährlich bis zu 50 000 t Schwefel gewonnen.

36. Vollgase sind jene Vergasungsgase der festen Brennstoffe, die nahezu vollständig aus brennbaren Bestandteilen bestehen. Sie sind nahezu stickstoffrei und haben nur einen geringen Kohlendioyxdgehalt. Vollgase werden durch Vergasung der festen Brennstoffe mit Wasserdampf allein oder mit Wasserstoff und Sauerstoff gewonnen. Sie werden dementsprechend in Wassergase und Oxygase unterteilt. Ihre Hauptbestandteile sind CO und H_2; unter Druck hergestellte Oxygase enthalten außerdem CH_4.

a) *Wassergase* werden durch Vergasung von Koks, Stein- oder Braunkohle mit Wasserdampf allein hergestellt. Diese Art der Vergasung ist wärmebindend oder endothermisch (s. Tab. 32 S. 60). Ein Teil des Brennstoffes wird dabei zur Deckung des Wärmebedarfes verbraucht. Das aus Koks hergestellte Wassergas heißt kurz Wassergas, wird Braun- oder Steinkohle vergast, so heißt es Braun- oder Steinkohlenwassergas. Im ersten Fall ist das Gas ein reines Vergasungsgas, im zweiten Fall enthält es noch das Entgasungsgas der zur Vergasung gelangenden Kohle, dadurch hat das Kohlenwassergas einen etwas höheren Heizwert als das Kokswassergas. Tabelle 16 gibt die durchschnittliche Zusammensetzung des Koks- und Kohlenwassergases, ihre Heizwerte und Ausbeuten wieder. Wassergas beider Art wird zum Preßschweißen von Stahlrohren über 400 mm Durchmesser, weiter zum Löten, zur Streckung des Leuchtgases und zur Herstellung von Karbogas verwendet, das das Leuchtgas zu ersetzen vermag, es findet weiter bei der Herstellung der synthetischen

Öle Verwendung, es dient außerdem zur Erzeugung des Wasserstoffes für die Hochdruckhydrierung nach BERGIUS.

b) *Oxygase.* Wird die Braun- oder Steinkohle mit Wasserdampf unter Zusatz einer bestimmten Mindestmenge von Sauerstoff vergast, so verläuft die Vergasung unter Wärmeabgabe oder exotherm (s. Tab. 32 S. 60), sie kann dann ohne äußere Wärmezufuhr stetig durchgeführt werden. Erfolgt die Vergasung unter einem Druck von mindestens 20 atü und Verwendung von auf 400—450° überhitztem Wasserdampf, so enthält das Gas auch beträchtliche Mengen an CH_4, das durch die Einwirkung von H_2 auf CO und CO_2 entsteht. Tabelle 16 gibt die durchschnittliche Zusammensetzung des Oxygases wieder, das bei der Lurgihochdruckvergasung von deutschen Rohbraunkohlen erhalten wird. Das nach diesem Verfahren aus Rohbraunkohle und jüngeren Steinkohlen hergestellte Lurgioxygas ist als Fern- oder Stadtgas verwendbar, es ist dem Koksofenferngas ohne weiteres gleich zu setzen.

37. Schwachgase sind Gase, deren Gehalt an brennbaren Bestandteilen unter 50% liegt. Sie werden durch Vergasung der festen Brennstoffe mit Luft allein (Luftgas) oder mit Luft und geringem oder größerem Zusatz von trockenem Wasserdampf (Mischgas I oder Mischgas II) hergestellt. Die Schwachgase genügen meistens für die Heizung der industriellen und gewerblichen Öfen und geschlossenen Feuerungsstellen, sie sind auch zum Antrieb von Gasmotoren geeignet, der überwiegende Teil der vergasten festen Brennstoffe wird daher zu Schwachgasen vergast.

a) *Luftgas* wird nur dann erzeugt, wenn die Vergasung des Brennstoffes in einem an die Feuerungsstelle unmittelbar angebauten Gaserzeuger erfolgt, so daß die freie Wärme des Schwachgases ausgenützt werden kann. In Zentralgaserzeugeranlagen kommt seine Herstellung nur dann in Betracht, wenn die Beschaffenheit des Brennstoffes (hoher Feuchtigkeits- oder Aschengehalt) einen Zusatz von Wasserdampf zur Vergasungsluft nicht zuläßt, oder die Asche im flüssigen Zustand erhalten werden soll. Wird entgaster Brennstoff vergast, so enthält das Luftgas neben CO nur geringe Mengen von H_2, die durch die Zersetzung der Luftfeuchtigkeit entstanden sind. Wird von rohem Brennstoff ausgegangen, so weist das Luftgas neben einem etwas höheren H_2-gehalt auch noch CH_4 und C_nH_m auf, die dem Entgasungsgas des Brennstoffes entstammen. Das Luftgas aus rohem Brennstoff weist daher einen etwas höheren Heizwert als jenes aus dem entgasten Brennstoff auf. Tabelle 16 gibt die durchschnittliche Zusammensetzung von Steinkohlen- und Koksluftgas, ihre unteren Heizwerte und Ausbeuten je t wieder.

Zu den Luftgasen gehört auch das Hochofengichtgas, das als Nebenerzeugnis des Koks- und Holzkohlenhochofens gewonnen wird. An seine Zusammensetzung können keine besonderen Anforderungen gestellt werden. Es ist ein CO_2-reiches Koksluftgas, das zur Heizung von Dampfkesseln, Vorwärmöfen gut geeignet ist, gemischt mit Koksofengas eignet es sich auch zur Heizung von Siemens-Martinöfen zur Stahlerzeugung. Es dient auch unmittelbar zur Krafterzeugung mittels Gasmaschinen. Es fällt in einer solchen Menge an, das nicht nur der Kraftbedarf des Hochofens und der Wärmebedarf seiner Winderhitzer, sondern auch der Kraft- und Wärmebedarf der dem Hochofenwerk angeschlossenen Stahl- und Walzwerke mit seiner Hilfe gedeckt werden kann.

b) *Mischgas.* Bei der Mischgaserzeugung wird die bei der Vergasung des C des Brennstoffes überschüssig frei werdende Wärme zur Wassergaserzeugung ausgenützt, so daß das Gas in diesem Fall neben dem Luft- und Entgasungsgas auch noch Wassergas enthält. Es unterscheidet sich gegenüber dem Luftgas durch einen höheren Gehalt an H_2, der zu einer Erhöhung des Heizwertes des Mischgases gegenüber dem Luftgas Veranlassung gibt. Es sind zwei Arten des Mischgases zu unterscheiden. Mischgas I, das vorwiegend erzeugt wird, ist ein Gemenge von Luft- und

Wassergas I ($CO + H_2$). Bei seiner Herstellung wird der Vergasungsluft nur soviel Wasserdampf zugesetzt, daß die Temperatur in der Vergasungszone nicht unter 1100° fällt. Dann wird der C des Koksrückstandes möglichst vollständig durch die Luftgas- und die Wassergasreaktion I zu CO vergast. Wird mehr Wasserdampf zugesetzt, so daß die Temperatur in der Vergasungszone sogar bis auf 700° abfällt, so geht die Wassergasreaktion II ($C + 2\,H_2O = 2\,H_2 + CO_2$) vor sich. Gleichzeitig wird dann das in der Verbrennungszone des Gaserzeugers entstandene CO_2 nur unvollkommen zu CO reduziert. Das entstehende Mischgas II unterscheidet sich von dem Mischgas I durch einen höheren CO_2- und einen geringeren H_2-Gehalt. Mischgas II, bzw. ein Gemenge von Mischgas I und II wird nur dann hergestellt, wenn mit der Vergasung der Kohle die Gewinnung von NH_3 verbunden werden soll. Tabelle 16 gibt einen Überblick über die Zusammensetzung von Mischgas I aus Braun-, Steinkohlen und Koks und Mischgas II, ihre Heizwerte und Ausbeuten.

E. Flaschengase, gasförmige Brennstoffe aus Nicht-Brennstoffen.

Diese Untergruppe umfaßt alle gasförmigen Brennstoffe, die im verdichteten oder verflüssigten Zustand auf den Markt gebracht werden. Das Methan wird durch Fermentation der städtischen Abwässer gewonnen, es wird aber auch aus dem Schwel-Hydrier- und Krackgas und aus dem Erdgas erhalten. Die Schwel-, Hydrier- und Krackgase sind auch die Quelle für das Aethan, Aethylen und die Flüssiggase. Wasserstoff wird aus Nichtbrennstoffen und zwar als Nebenerzeugnis der Elektrolyse von Alkalichloriden gewonnen. Es wird weiters katalytisch aus CO und Wasserdampf:

$$CO + H_2O_D = H_2 + CO_2 + 10\,110 \text{ kcal}$$

hergestellt. Als Katalysatoren werden Fe, Cr, Mn, Ni, Co, Cu, Al mit Zusätzen von Alkali verwendet. Das Azetylen, das in Stahlflaschen unter einem Druck von 15 atü in Azeton gelöst Dissousgas genannt wird, wird durch Zersetzung von $Ca\,C_2$ mit H_2O, also ebenfalls aus Nichtbrennstoffen hergestellt. Es kann aber auch aus Methan erzeugt werden, das durch die Reaktion

$$2\,CH_4 = C_2H_2 + 3\,H_2 - 91\,000 \text{ kcal}$$

gespalten wird, die bei 1300° durchgeführt wird. Diese Erzeugung kommt nur dort in Frage, wo Erdgas zur Verfügung steht. Der Energieverbrauch ist bei diesem Verfahren etwas größer als bei seiner Herstellung aus Kalk und Kohle über das Calziumkarbid.

Die Beschaffenheit der Flüssiggase Propan, Propylen und Butan ist durch DIN 1875 genormt. Die Flaschengase, die nahezu 100% rein sind, werden zum autogenen Schweißen, Schneiden, Metallspritzen und Löten als Brennstoff verwendet. Bis auf den Wasserstoff und das Azetylen dienen sie auch als Treibstoffe, bis auf den Wasserstoff werden sie auch als Leuchtmittel verwertet. Die Flüssiggase werden weiter zur Versorgung der abseits von der Ferngasversorgung liegenden Haushalte und gewerblichen Betriebe mit Heiz- und Leuchtgas verwendet, sie sind außerdem Karburierungsmittel und Rohstoffe zur Gasrußerzeugung.

V. Verbrauchswert der Brennstoffe.

Haben die Voruntersuchungen ergeben, daß für einen bestimmten Zweck mehrere Brennstoffe geeignet sind, so müssen ihre Verbrauchswerte bestimmt werden. Nach dem Vorschlag der Wärmestelle des Vereines Deutscher Eisenhüttenleute (Mitteilung 31) wird der Verbrauchswert durch die Kosten von 100 000 ausgenutzten kcal bestimmt. Er setzt sich aus den folgenden Posten zusammen: 1. Brennstoffkosten H je Tonne frei Werk; 2. Umschlagkosten T je Tonne Brennstoff im Werk; 3. Wartungskosten W (Bedienung, Energieverbrauch, Reparatur, Schmierung und allgemeine Unkosten der Verbrauchsanlage) je Tonne Brennstoff; 4. Kosten der Verzinsung und Tilgung des Anlage- und Betriebskapitales der Verbrauchsanlage Z je Tonne Brennstoff. Wird der Brennstoff nicht unmittelbar verwendet, sondern zuerst entgast, vergast oder mechanisch aufbereitet, so umfassen die Posten 2, 3 und 4 nicht nur die Kosten der Feuerungsstelle, sondern auch die der vorbereitenden Anlagen (Schwelerei, Gaserzeugung, Kohlenstaubanlage usw). Werden bei der chemischen Aufbereitung Nebenprodukte gewonnen, durch deren Verkauf ein Erlös erzielt wird, so muß dieser bei der Berechnung des Verbrauchswertes berücksichtigt werden, es kommt dann noch 5. der Gewinn aus Nebenprodukten G je Tonne Brennstoff hinzu.

Die Kosten je Tonne Brennstoff k_0 werden durch die folgende Beziehung wiedergegeben:

$$k_0 = B + T + W + Z - G\,.$$

100 000 kcal im Brennstoff haben dann einen Wert

$$K = (B + T + W + Z - G)\,\frac{100}{H}\,,$$

wobei H der untere Heizwert des Brennstoffes ist. Von dem Wärmeinhalt des Brennstoffes werden aber nicht H, sondern nur $H \cdot n$ ausgenützt, wobei $n < 1$ ist. Wird der Brennstoff unmittelbar verwendet, so ist n der Wirkungsgrad der Feuerungsanlage, wird der Brennstoff jedoch vor der Verwendung in der Feuerungsstelle vergast, entgast oder vermahlen, so ist n das Produkt der Wirkungsgrade der Feuerungsstelle und der Vorbereitungsanlage. Die Kosten für 100 000 nutzbar verwertete kcal betragen dann:

$$K = (B + T + W + Z - G) \cdot \frac{100}{H \cdot n}\,.$$

Sind nun zwei Brennstoffe miteinander zu vergleichen, so ergibt der Quotient ihrer Verbrauchswerte (K_1/K_2) ein Bild darüber, welcher von ihnen vorteilhafter zu verwerten ist.

$$\frac{K_1}{K_2} = \frac{B_1 + T_1 + W_1 + Z_1 - G_1}{B_2 + T_2 + W_2 + Z_2 - G_2} \cdot \frac{H_2 \cdot n_2}{H_1 \cdot n_1}\,.$$

Sind einzelne Posten bei der Verwendung beider Brennstoffe gleich, wie z. B. $W_1 = W_2$, $Z_1 = Z_2$, so können sie in der vorstehenden Formel weggelassen werden, ohne daß das Ergebnis wesentlich beeinflußt wird. Tabelle 20 gibt auf Grund der

Tabelle 20. *Größenanordnung von Wertigkeiten gleicher Wärmemenge.*

Energieträger	Verh.-Zahl	Energieträger	Verh.-Zahl
Lokomotivlösche	0,4	Gaserzeugergas	2,75
Hydrier-Rückstände . . .	0,5	Ferngas für Weiterverarbeitung, frei Verbrauchsstelle	3—4
Koksgrus	0,6		
Normal-Steink., ab Zeche	1,0	Stadtgas für Hausbrand	4,5
Gichtgas, gereinigt . . .	1,25	Teeröl	5,0
Hochofenkoks naß, frei Werk	1,50	Benzin.	15,0
		Strom auf Hüttenwerk frei Werk (1 kWh=860 kcal)	17,5
Ferngas, frei Werk. . .	2,25	Strom f. Übergangsheizg.	50,0

darüber in der 4. Auflage (1947) der „Anhaltszahlen für die Wärmewirtschaft der Eisenindustrie" v. K. RUMMEL, Verlag Stahleisen, enthaltenen Angaben die Größenordnung von Wertigkeiten gleicher Wärmemenge wieder.

Dazu ist zu bemerken, daß die in Vergleich zu setzenden Wärmeträger für jeden einzelnen Vergleich verschieden zu bewerten sind, je nachdem, welche Brennstoffe zur Verfügung stehen, und je nach dem Zweck ihrer Verwendung. Allein die Frachtlage verschiebt ihre Wertigkeit und sogar meist in entscheidender Weise.

VI. Verbrennung der Brennstoffe.

Es werden zwei Arten der Verbrennung unterschieden. Die Verbrennung im weiteren Sinne, worunter man jede chemische Vereinigung eines Stoffes mit dem Sauerstoff versteht, und die Verbrennung im engeren Sinne, bei welcher die Oxydation des Stoffes oberhalb einer bestimmten Grenztemperatur lebhaft und ohne äußere Wärmezufuhr verläuft. Sie ist in der Regel mit einer Flammen- und Glutbildung verbunden. Für die Ausnützung der Brennstoffe kommt nur Verbrennung im engeren Sinne in Frage. Durch sie wird die gebundene Wärme des Brennstoffes in freie Wärme verwandelt. Tabelle 21 gibt die verschiedenen Arten der Verwertung der Verbrennungswärme der Brennstoffe und die dabei zu erzielenden Wirkungsgrade wieder. Sie sind selbstverständlich höher, wenn die Abhitze der Öfen durch Regeneratoren oder Rekuperatoren oder durch Abhitzekessel und der Abdampf der Turbogeneratoren zur Heizung verwertet wird.

Tabelle 21. *Verwendung der Brennstoffe. Wirkungsgrad.*

Verwendung der Brennstoffe zur		Ausnützung % des H_u
Heizung von Wohn- oder Arbeitsräumen		25 bis 50
Heizung von Vorwärm- und Schmelzöfen	ohne Abhitzeverwertung	bis 15
	mit Regenerativ- o. Rekuperativfeuerung	bis 40
	mit Verwertung d. Abhitze zur Dampferzeugung	bis 60
zur Dampferzeugung für	Heizzwecke	60 bis 70
	Stromerzeugung	bis 27
	Stromerzeugung u. Verwertung d. Abdampfes f. Heizung	bis 60

38. Zündungstemperatur, Verbrennungsgeschwindigkeit, Brennzeit. Die Zündungstemperatur des Brennstoffes, die auch Zündpunkt genannt wird, ist die tiefste Temperatur, bei der sich der Brennstoff in der Luft oder im Sauerstoff entzündet und von selbst weiter brennt. Dies ist dann der Fall, wenn durch seine Verbrennung soviel Wärme frei wird, daß seine benachbarten Teile immer wieder auf die Zündungstemperatur gebracht werden. Alle Brennstoffe mit Ausnahme des Kokses brennen, wenn sie auf ihre Zündungstemperatur erhitzt werden, auch im Freien weiter. Der Zündpunkt der Brennstoffe ist bei ihrer Verbrennung mit der Luft oder Sauerstoff nicht gleich hoch, er hängt auch noch von den die Aufheizung fördernden oder hemmenden physikalischen und apparativen Bedingungen, wie Körnung, Temperaturgefälle, Umgebungstemperatur, Wärmezu- und -abstrahlung, Luftgeschwindigkeit und Wassergehalt ab. Tabelle 22 gibt die Zündungstemperaturen der festen, flüssigen und gasförmigen Brennstoffe wieder. Bei den festen Brennstoffen steigt sie an mit dem fallenden Gehalt der Brennstoffe an flüchtigen

Bestandteilen, die Zündpunkte der gasförmigen sind im Verhältnis zu jenen der rohen, festen Brennstoffe hoch.

Tabelle 22. *Zündungstemperaturen.*

	Brennstoff	Zündpunkt °		Brennstoff	Zündpunkt °	
fest	Holz, weich	220	flüssig	Benzin	330—520	
	hart	300		Benzol	520—600	
	Torf, lufttr.	225—280		Gasöl	230—242	
	Roh-Braunkohle	135—174		Heizöl	212	
	Steinkohle	230—240		Braunkohlen-		
	Gasflammkohle	214—230		Teeröl	260	
	Fette Kohle	243—248		Steinkohlen-		
	Eßkohle	260		Teeröl	315	
					Luft	O_2
	Magerkohle	339	gasförmig	Kohlenoxyd	590	610
	Anthrazit	485		Wasserstoff	450	530
	Halbkoks	395—410		Methan	645	645
	Holzkohle			Aethan	500	530
	weich	150—300		Aethylen	485	540
	hart	300—450		Propan	490	510
	Koks	503—560		Butan	460	490
	Acheson-			Azetylen	—	335
	Graphit	658		Leuchtgas	450	560

Die Verbrennungsgeschwindigkeit ist bei den festen Brennstoffen von der Stückgröße des Brennstoffes, der Geschwindigkeit der Entstehung der Verbrennungsgase, der Art der Gaskanäle im Brennstoffbett, der Sauerstoffkonzentration, der Temperatur und Diffusionsgeschwindigkeit abhängig. Um bei der Verbrennung der festen Brennstoffe eine hohe Verbrennungsgeschwindigkeit zu erhalten, muß vorhanden sein: 1. im Feuerungsraum eine bestimmte Mindesttemperatur; 2. eine genügend hohe Geschwindigkeit, also eine genügende Saugwirkung oder Geschwindigkeit des einströmenden Windes (Unterwind); 3. eine genügende Oberfläche des Brennstoffes.

Die Geschwindigkeit der kontinuierlichen Verbrennung der flüssigen Brennstoffe hängt von ihrer Verdampfungsgeschwindigkeit und der Geschwindigkeit des Abbaues der gasförmigen Kohlenwasserstoffmoleküle zu einfachen verbrennungsreifen Gasen ab. Je verwickelter der Aufbau der Kohlenwasserstoffmoleküle ist und je reicher sie an Kohlenstoff sind, umso schleppender verläuft die Verbrennung.

Bei den Heizgasen wird die Geschwindigkeit, mit der sich die Verbrennung in dem auf die Zündtemperatur erhitzten Gas-Luftgemisch fortpflanzt, als Zündgeschwindigkeit bezeichnet. Sie ist nicht bei der theoretischen Luftmenge, sondern infolge der größeren Wärmeleitfähigkeit des gasreicheren Gasluftgemisches bei einer bestimmten darunter liegenden Luftmenge am größten. Sie wird bei kleinem Anteil von Gas (unterer Zündpunkt) und bei kleinem Anteil von Luft (oberer Zündpunkt) im Gas-Luftgemisch gleich Null. Ihre Werte sind für die verschiedenen Gase durch Laboratoriumsversuche festgestellt worden, sie sind jedoch praktisch nicht verwertbar, da sie sich durch katalytische Einflüsse verändern. So wird durch die katalytische Aufeinanderwirkung die Zündgeschwindigkeit des Kohlenoxydes durch einen Zusatz von Wasserstoff oder von Wasserdampf (bis 9,4%) erhöht. Es ist daher auch nicht möglich, daß die Zündgeschwindigkeit eines Gasgemisches einfach nach der Mischungsregel errechnet wird. Die Zündgeschwindigkeit der einzelnen Gase ist sehr verschieden groß. Werden sie nach abnehmender Zündgeschwindigkeit gereiht, so ergibt sich nach UBBELOHDE die folgende Reihenfolge: 1. Wasserstoff, 2. Azetylen, 3. Leuchtgas, 4. Aethylen, 5. Methan, 6. Kohlenoxyd.

Bei den Gasen wird die Zeit vom Beginn der Zündung bis zur Beendigung der Reaktion Brennzeit genannt. Sie hängt von der Güte der Mischung und der Reaktionsgeschwindigkeit ab. Diese wird von der Temperatur und von katalytischen Einflüssen bestimmt. Sie verdoppelt sich bei einer Erhöhung der Temperatur (t) um 10° C, sie ist also proportional $2^{0,1\,t}$. Sie hängt weiter von der Konzentration der brennbaren Bestandteile (Massenwirkungsgesetz) ab.

39. Berechnung der Luft- und Abgasmenge. Für die einwandfreie Anlage einer Feuerung sowie für die richtige Einstellung der Verbrennung ist die Kenntnis der zur vollständigen, vollkommenen Verbrennung des verwendeten Brennstoffes notwendigen Luftmenge und der dabei entstehenden Abgasmenge notwendig. Vollständige, vollkommene Verbrennung liegt dann vor, wenn der gesamte Kohlenstoff des festen oder flüssigen Brennstoffes oder der kohlenstoffhaltigen Bestandteile der Gase zu CO_2, das ist vollkommen, und ihr gesamter Wasserstoff zu Wasser verbrannt wird. Die chemischen Vorgänge, die bei der vollständigen vollkommenen Verbrennung vor sich gehen und deren Gewichts- und Volumverhältnisse sind die Grundlage für die Berechnung der dazu notwendigen oder theoretischen Luft- und der dabei entstehenden Abgasmenge, sie sind in der Tabelle 23 wiedergegeben.

Tab. 23. *Verbrennungsgleichungen, theoretischer Sauerstoff- u. Luftbedarf, theoretische Abgasmenge.*

Brennstoff			Verbrennungsgleichung, Gewichts- oder Volumsverhältnisse, Wärmeentwicklung	theor. Bedarf je Einheit		theor. Abgasmenge je Einheit und seine Zusammensetzung						
Art	Bestandteil			O_2	Luft	CO_2		H_2O		N_2		Summe
				m³ kg	m³ kg	m³ kg	Vol. %	m³ kg	Vol. %	m³ kg	Vol. %	m³ kg
feste und flüssige	C	kg	$C+O_2=CO_2$ 12+32=44+97 640 kcal	1,87 2,67	8,88 11,46	1,87 3,67	21,0	— —	—	7,02 8,8	79,0	8,89 12,47
	S	kg	$S+O_2=SO_2$ 32+32=64+70 400 kcal	0,70 1,0	3,28 4,29	SO_2 0,70 2,0	21,0	— —	—	2,64 3,32	79,0	3,34 5,32
	H_2	kg	$2H_2+O_2=2H_2O$ 4+32=36+135 640 kcal	5,55 8,0	26,65 34,4	— —	—	11,1 9,0	34,6	21,06 26,4	65,4	32,16 35,4
gasförmige		m³	2 m³+1 m³=2 m² +6100 kcal	0,5 0,71	2,39 3,09	— —	—	1,0 0,8	34,6	1,89 2,38	65,4	2,89 3,18
	CO	m³	$2\,CO+O_2=2\,CO_2$ 2 m³+1 m³=2 m³ +6040 kcal	0,5 0,71	2,39 3,09	CO_2 1,0 1,97	34,6	— —	—	1,89 2,38	65,4	2,89 4,35
	CH_4	m³	$CH_4+2O_2=2O_2+2H_2O$ 1 m³+2 m³=1 m³+2 m³ +9520 kcal	2,0 2,86	9,52 12,38	1,0 1,97	9,5	2,0 1,60	19,0	7,55 9,52	71,5	10,55 13,09
	C_2H_4	m³	$C_2H_4+3\,O_2=2\,CO_2$ $+2\,H_2O$, 1 m3+3 m³= =2m³+2m³+15290 kcal	3,0 4,24	14,28 18,57	2,0 3,93	13,1	2,0 1,60	13,1	11,28 14,28	73,8	15,28 19,81

Für die Berechnung des theoretischen Luftbedarfes (L_{th}) und des wirklichen (L_w) und der theoretischen und wirklichen feuchten und trockenen Abgasmenge kommen auf Grund der in der Tabelle 26 angeführten Gewichts- und Volumverhältnisse die folgenden Formeln in Frage. Dabei ist zu beachten: Die vollständige vollkommene Verbrennung der Brennstoffe ist nur dann zu erreichen, wenn dem Verbrennungsraum eine größere Luftmenge L_w zugeführt wird, als die dafür in Frage kommende theoretische Luftmenge L_{th}. Das Verhältnis von $\frac{L_{th}}{L_w} = \lambda$ wird Luftfaktor genannt.

a) *Feste und flüssige Brennstoffe.* 1 kg feuchter Brennstoff enthält: c kg C, h kg H, o kg O, s kg S, n kg N, w kg H_2O, disponibler H $= h'$ kg $\left(h - \frac{o}{8}\right)$, Verhältnis von $\frac{h'}{c} = x$, $\lambda =$ Luftfaktor.

$$\underbrace{(c + h + o + s + n + w)}_{\text{1 kg Brennstoff}} + \lambda \underbrace{[\underbrace{(1{,}866\,c + 5{,}55\,h' + 0{,}7\,s)}_{O_{th}} O_2 + 3{,}67 \cdot O_{th}\, N_2]}_{L_{th}} =$$

$$O_w = \lambda \cdot O_{th} \qquad L_w = \lambda \cdot L_{th}$$

$$= \underbrace{\underbrace{\underbrace{(1{,}866\,c\,CO_2 + 0{,}7\,s\,SO_2)}_{A} + \underbrace{[(O_w - O_{th})\,O_2 + (3{,}76\,O_w + 0{,}8\,n)\,N_2]}_{B}}_{\text{Abgas trocken}} + \underbrace{(11{,}1\,h + 1{,}24\,w\,H_2O)}_{C}}_{\text{Abgas naß}}$$

b) *Gasförmige Brennstoffe.* 1 m^3 Gas enthält: k m^3 CO_2, q m^3 CO, o m^3 O_2, n m^3 N_2, h m^3 H_2, r m^3 CH_4, s m^3 C_2H_4, w m^3 H_2O. $\lambda =$ Luftfaktor

$$\underbrace{(k + q + o + n + h + r + s + w)}_{\text{1 m}^3\text{ Heizgas}} + \lambda \underbrace{[\underbrace{(0{,}5\,h + 0{,}5\,q + 2\,r + 3\,s - o)}_{O_{th}},\, O_2 + 3{,}76\,O_{th}\,N_2]}_{L_{th}} =$$

$$O_w - \lambda \cdot O_{th} \qquad L_w = \lambda \cdot L_{th}$$

$$= \underbrace{\underbrace{(\overbrace{k + q + r + 2\,s)\,CO_2}^{A} + [\overbrace{(O_w - O_{th})\,O_2 + (n + 3{,}76\,O_w)\,N_2}^{B}]}_{\text{Abgas trocken}} + \overbrace{(h + 2\,r + 2\,s + w)\,H_2O}^{C}}_{\text{Abgas naß}}.$$

Ist $\lambda > 1$, so liegt Luftüberschuß vor, ist $\lambda < 1$, so herrscht Luftmangel. Beide verschlechtern den wärmewirtschaftlichen Wirkungsgrad der Feuerung. Im ersten Fall ist der Luftüberschuß ein Ballaststoff der Abgase, der die Flammentemperatur herabsetzt, im zweiten Fall ist der nur vergaste Teil des Brennstoffes, bzw. der unverbrannte Gasrest der Heizgase ein Ballaststoff der Abgase, der die Flammentemperatur auch noch dadurch erniedrigt, daß seine gebundene Wärme verloren geht. Unverbrannte Gase können auch bei Luftüberschuß infolge mangelhafter Luftverteilung (örtlicher Luftmangel), ungenügender Gasmischung und vorzeitiger Gasabkühlung auftreten. In diesem Fall summieren sich die Auswirkungen beider. Luftmangel ist, wenn er nicht zur Aufrechterhaltung einer reduzierenden Ofenatmosphäre notwendig ist, unbedingt zu vermeiden. Der Luftüberschuß ist auf das geringste Ausmaß einzuschränken und eine vorzeitige Abkühlung der Gase zu verhindern. Der Luftfaktor bewegt sich praktisch in den folgenden Grenzen:

Feste Brennstoffe:	1,6—2,0	Planrostfeuerung
	1,3—1,5	mechanische Roste
Kohlenstaub:	1,1—1,25	
flüssige Brennstoffe:	1,1—1,25	
gasförmige Brennstoffe:	1,05—1,2	
Verbrennungs-Kraftmaschinen:	1,1—1,2	Höchstleistung 1,0

Der Luftfaktor kann mit Hilfe der Abgasanalyse berechnet werden. Ist

$$1\ \text{Nm}^3 \text{ trockenes Abgas} = CO_2 + O_2 + CO + H_2 + N_2\,,$$

so ist

$$\lambda = 1 + \sigma \cdot \frac{O_2 - 0{,}5\,(CO + H_2)}{0{,}21 \cdot [1 - 0{,}5\,(CO + 3\,H_2)] - [O_2 - 0{,}5 \cdot (CO + H_2)]}\,.$$

Ist bei luftreicher Verbrennung kein CO und H_2 vorhanden, so ist

$$\lambda = 1 + \sigma \cdot \frac{O_2}{0{,}21 - O_2}\,.$$

Ist bei luftarmer Verbrennung kein O_2 in den Abgasen vorhanden, so ist

$$\lambda = 1 - \sigma \cdot \frac{CO + H_2}{0{,}42 + 0{,}79\,CO + 37\,H_2}.$$

σ ist ein von dem Brennstoff abhängiger Kennwert. Tabelle 24 gibt seine Werte und seine Berechnung für die festen, flüssigen und gasförmigen Brennstoffe wieder.

Tabelle 24. *Kennwert σ.*

Brennstoff	σ	Berechnung von σ
Kohle Öle	0,95—0,98 0,97—0,98	$1 - 5{,}6 \cdot \frac{h - \frac{0}{8}}{L_{th}}$
Generatorgas Koksofengas Gichtgas	1,55—1,65 0,92—0,94 1,95—2,15	$1 - \frac{2\,(CH_4 + C_2H_4) + 1{,}5\,H_2 + 0{,}5\,CO - 1}{L_{th}}$

Die Analysen der Brennstoffe liegen nicht immer vor, wohl aber ihre Heizwerte. Um in diesem Fall den theorethischen Luftbedarf L_{th} und das bei der theoretischen Luftmenge entstehende Rauchgasvolumen V_{th} berechnen zu können, wurden auf Grund eingehender statistischer Untersuchungen die in der Tabelle 25 angeführten Formeln entwickelt.

Tabelle 25. *Berechnung von L_{th} und V_{th} mittelst H_u.*

Brennstoff	L_{th}	V_{th}
Kohlen (2000—8000kcal/kg)	$1{,}01\,\frac{H_u}{1000} + 0{,}51 \approx \frac{1{,}1\,H_u}{1000}$	$\frac{0{,}92 \cdot H_u}{1000} + 1{,}5 \approx \frac{1{,}2 \cdot H_u}{1000}$
Öl und Teer	$\approx \frac{1{,}06 \cdot H_u}{1000}$	$\approx \frac{1{,}13 \cdot H_u}{1000}$
Schwachgas (1100—1500kcal/m³)	$\frac{0{,}8 \cdot H_u}{1000} + 0{,}09 \approx \frac{0{,}87\,H_u}{1000}$	$\frac{0{,}65 \cdot H_u}{1000} + 1{,}12 \approx \frac{1{,}52 \cdot H_u}{1000}$
Reichgas (3800—4300 kcal/m³)	$\frac{1{,}10 \cdot H_u}{1000} - 0{,}31 \approx \frac{1{,}02 \cdot H_u}{1000}$	$\frac{1{,}05 \cdot H_u}{1000} + 0{,}62 \approx \frac{1{,}2 \cdot H_u}{1000}$

40. Berechnung der theoretischen Flammentemperatur, pyrometrischer Wirkungsgrad. Die theoretische Flammentemperatur stellt die Temperatur vor, die erreicht werden müßte, wenn bei der Verbrennung keine Dissoziation (Spaltung) der Verbrennungsprodukte eintreten würde. Tatsächlich beginnen CO_2 und Wasserdampf bei den Temperaturen über 1700° zu dissoziieren. Die Berechnung ergibt daher nur für jene Brennstoffe ein klares Bild über die höchstmögliche Flammentemperatur, deren theoretische Flammentemperatur ohne Dissoziation unter 1700° liegt. Um die wahre höchstmögliche Flammentemperatur zu erhalten, müssen die Dissoziationsvorgänge berücksichtigt werden. Die Formeln, die hierfür in Betracht kommen, sind von der Wärmestelle des Vereines Deutscher Eisenhüttenleute festgelegt und in der Mitteilung 79 veröffentlicht worden. Die Berechnung der wahren höchstmöglichen Flammentemperatur ist nicht einfach; leichter ist die Berechnung der theoretischen Flammentemperatur ohne Dissoziation durchzuführen. Ihre Feststellung genügt in den meisten Fällen, um ein Bild über die Verwendungsmöglichkeit eines Brennstoffes für den gedachten Zweck zu erhalten. Sie ist durch den folgenden Quotienten gegeben:

$$t = \frac{\text{durch Verbrennung frei geworden } (H_u) + \text{zugeführte Wärme } (Q)}{\text{Abgasmenge mal mittlere spez. Wärme des Abgases}}.$$

Von der Wärmestelle des Vereines Deutscher Eisenhüttenleute wurde die Berechnung der mittleren spez. Wärme der zweiatomigen Gase, wozu auch die Luft gehört, der CO_2 und des H_2O für die Temperaturbereiche 800—1800, 1700—2800 und 1000—2500° vereinfacht, wodurch sich für die Berechnung der theoretischen Flammentemperatur die folgenden Ausdrücke ergeben:

$$1.\ t\,(800-1800°) = \frac{\mathrm{H_u} + Q + 32\,A + 80\,B + 75\,\mathrm{C}}{0{,}364\,A + 0{,}591\,B + 0{,}477\,\mathrm{C}},$$

$$2.\ t\,(1700-2800°) = \frac{\mathrm{H_u} + Q + 93{,}5\,A + 128\,B + 488\,\mathrm{C}}{0{,}40\,\mathrm{A} + 0{,}621\,\mathrm{B} + 0{,}695\,\mathrm{C}},$$

$$3.\ t\,(1100-2500°) = \frac{\mathrm{H_u} + Q + 50{,}4\,A + 103\,B + 190\,\mathrm{C}}{0{,}378\,A + 0{,}60B + 0{,}565\,C}.$$

Je nach der zu erwartenden Temperatur wird Gleichung 1, 2 oder 3 herangezogen.

Die zugeführte Wärme N

$Q = c_{pm\,L} \cdot t_1$ bei festen und flüss.,

$Q = c_{pm\,L} \cdot t_1 + c_{pmg} \cdot t_g$ bei gasförmigen Brennstoffen. c_{pmL} ist die mittlere spez. Wärme der Luft und der zweiatomigen Gase (O_2, N_2, H_2, CO), $c_{pm\,CO_2}$, $c_{pm\,H_2O}$ $c_{pm\,CH_4}$, $c_{pm\,C_2H_4}$, $c_{pm\,C_2H_2}$ sind die mittleren spez. Wärme der CO_2, H_2O, CH_4, C_2H_4, C_2H_2. Besteht ein Gas aus k% CO_2, q% CO, h% H_2, 0% O_2, n% N_2, r% CH_4, s% C_2H_4, v% C_2H_2 und w% H_2O so ist

$$c_{pmg} = \frac{1}{100} \cdot [(h + n + o + q)\, c_{pm\,L} + k \cdot c_{pm\,CO_2} + r \cdot c_{pm\,CH_4} + s \cdot c_{pm\,C_2H_4} + v \cdot c_{pm\,C_2H_2} + w \cdot c_{pm\,H_2O}\ .$$

A, B, C werden für den verwendeten Brennstoff nach den auf Seite 49 wiedergegebenen Formeln für den jeweils in Betracht kommenden Luftfaktor berechnet. In Tabelle 26 sind die theoretischen Flammentemperaturen ohne Dissoziation für die wichtigsten Brennstoffe unter verschiedenen Verbrennungsverhältnissen wiedergegeben. Sie enthält auch Angaben über ihren Luftbedarf, ihre Abgasmengen, über die Wärmemengen die je m³ Abgas jeweilig zur Verfügung stehen. Werden diese Werte mit den theoretischen Flammentemperaturen ohne Dissoziation verglichen, so zeigt es sich, daß bei der gleichen Art des Brennstoffes (fest, flüssig oder gasförmig) aus der Zahl der kcal, die je m³ Abgas zur Verfügung stehen, schon ein Schluß auf die theoretische Flammentemperatur gezogen werden kann. Die Angaben über die bei den verschiedenen Graden der Vorwärmung zu erzielenden theoretischen Flammentemperaturen lassen den Wert der Vorwärmung in bezug auf die Höhe dieser Temperatur erkennen.

Das Verhältnis der tatsächlich erreichten oder wirklichen Flammentemperatur t_w zur theoretischen t_{th} ist

$$\text{der pyrometrische Wirkungsgrad des Brennstoffes} = t_w/t_{th}\,.$$

Er erreicht bei den verschiedenen Arten der Feuerung die folgenden Werte: Technische Feuerungen 0,5—0,75, selten 0,80, Rostfeuerungen 0,65—0,70, Kohlenstaub- und Ölfeuerungen 0,7—0,8, Glüh-, Wärm- und Schmelzöfen 0,68—0,80.

Tabelle 26. *Verbrennungswerte fester, flüssiger und gasförmiger Brennstoffe.*

Brennstoff	Luftfaktor λ	Luftmenge[1]	Abgas naß m³	Abgas naß H_2O %	Abgas naß CO_2 %	Abgas trocken CO_2 %	kcal je m³ Abgas bei Luft- u. Gasvorwärmung 0°	kcal je m³ Abgas 1000°	theor. Flammentemperatur 0°	theor. Flammentemperatur 1000°
Fichtenholz, lufttrocken	1,0	3,75	4,52	18,6	16,3	20,0	774	—	1946	—
	1,50	5,63	6,40	13,1	11,5	13,3	545	844	1430	2160
Alter Torf, lufttrocken	1,0	4,19	4,87	16,4	15,7	18,8	795	—	1940	—
	1,50	6,28	6,96	11,4	10,9	12,3	540	840	1430	2140
Lignit (35 % H_2O)	1,0	3,48	4,19	18,0	16,0	19,5	786	—	1920	—
	1,50	5,22	5,93	12,9	11,3	13,1	574	850	1440	2140
Rohbraunkohle (40% H_2O)	1,0	2,89	3,59	20,8	15,6	19,7	750	—	1815	—
	1,50	4,34	5,04	14,8	11,1	13,5	535	830	1400	2060
Böhmische Braunkohle (25% H_2O)	1,0	5,24	5,86	12,5	16,6	20,0	796	—	1965	—
	1,5	7,86	8,48	8,7	11,5	12,6	553	860	1454	2190
Trockene Steinkohle	1,0	7,42	7,75	6,7	17,7	19,0	890	—	2200	—
	1,50	11,13	11,46	4,5	11,9	12,4	600	915	1596	2345
Fette Kohle	1,0	8,04	8,32	5,6	18,0	19,1	901	—	2240	—
	1,50	12,06	12,34	3,9	12,1	12,7	624	933	1613	2398
Erdöl	1,0	10,35	11,06	12,1	13,9	15,8	986	—	2430	—
	1,25	12,04	13,65	9,8	11,3	12,5	790	1111	2045	2700
Steinkohlenteer (Koksofen)	1,0	9,23	9,66	7,9	16,7	18,1	886	—	2210	—
	1,25	11,54	11,97	6,3	13,4	14,3	717	953	1860	2440
Hochofengas, trocken	1,0	0,76	1,60	2,5	22,5	24,2	594	—	1500	—
	1,25	0,95	1,79	2,2	20,0	20,6	527	903	1380	2260
Gaserzeugergas (Mischgas I, Steink. 30 g H_2O/m^3)	1,0	1,27	2,10	10,5	16,4	18,3	690	—	1730	—
	1,25	1,58	2,42	9,9	14,2	15,6	599	959	1545	2372
Koksofengas, trocken	1,0	4,75	5,46	21,4	8,8	11,3	879	—	2175	—
	1,25	5,94	6,65	17,4	7,1	8,6	720	1020[2])	1866	2560[2]
Wassergas (30 g H_2O/m^3)	1,0	2,21	2,80	19,3	17,1	22,3	928	—	2219	—
	1,25	2,76	3,35	16,1	14,3	16,9	776	1152	1914	2769

[1] bei festem und flüsigem Brennstoff m³/kg, bei Gasen m³/m³.
[2] bei Koksofengas keine Gasvorwärmung.

41. Verbrennung der festen Brennstoffe. a) *Rostfeuerung.* Der überwiegende Teil der festen nicht entgasten Brennstoffe wird auf Rosten verbrannt. Das beste Bild über die verwickelten Vorgänge bei der Verbrennung der festen Brennstoffe wird erhalten, wenn der Brennstoff auf seinem Wege durch die Feuerungsstelle verfolgt wird. Der frisch aufgegebene Brennstoff wärmt sich an der Glut und an den ihm entgegenströmenden Gasen vor. Bei 100° setzt seine Trocknung ein, die bei manchen Kohlen erst bei 250° ihr Ende findet. Bei wasserreichen Kohlen muß die Feuerung so eingerichtet sein, daß die Kohle vor der Aufgabe auf die Glut vorgetrocknet wird. Ab 150—200° setzt bei den nicht entgasten Brennstoffen ihre Entgasung ein, die bis zu der Temperatur von 1000° vor sich geht. Schon vor der völligen Entgasung setzt die Zündung des Brennstoffes ein, die ein rasches Ansteigen der Temperatur bis zu der Höhe bewirkt, bei welcher die Vergasung des nach der Entgasung zurückgebliebenen fixen C durch den Sauerstoff und den Wasserdampf der Verbrennungsluft zu Luftgas ($CO + N_2$), Wassergas I ($CO + H_2$) und Wassergas II ($CO_2 + 2H_2$) erfolgen kann. Ein Teil des C wird dabei auch durch den O_2 der Luft zu CO_2 verbrannt. Der Wasserdampf rührt von der Feuchtigkeit der Luft her, er wird aber bei den Kohlen, deren Asche zum Schmelzen oder Verschlacken neigt, absichtlich zugesetzt, um durch die wärmebindenden Wassergasreaktionen das Schmelzen oder Verschlacken der Asche zu verhüten. Ein Teil der Entgasungsgase, die durch die hohe Temperatur einen Abbau ihrer hochmolekularen Verbindungen zu einfachen verbrennungsreifen Gasen (CO, H_2, CH_4, C_2H_4) erfahren, sowie ein Teil des Luft-Wassergases wird sofort durch den vorhandenen O_2 zu CO_2 und Wasserdampf verbrannt. Wie weit diese Reaktionen in der Brennstoffschicht vor sich gehen, hängt von der Temperatur, der Höhe der Brennstoffschicht, der Reaktionsfähigkeit des Kokses, der Strömungsgeschwindigkeit, dem Wirbelungszustand in den einzelnen Gaskanälen, der Zusammensetzung der Verbrennungsgase, den Backeigenschaften des Kokses ab. Für jeden Fall entweicht dem Brennstoffbett ein Gas, das nach der Entgasung des Brennstoffes aus CO_2, Wasserdampf, CO, H_2, O_2 und N_2, während der Entgasung auch noch aus CH_4, C_2H_4 und Ruß besteht. Seine brennbaren Bestandteile werden auf dem Wege der Gase durch den Feuerungsraum bei genügend vorhandenem O_2 vollständig und vollkommen verbrannt. Bedingung hierfür ist, daß eine innige Mischung der noch unverbrannten Gase mit dem Rest der Verbrennungsluft gewährleistet ist, daß der Feuerungsraum genügend groß ist und daß die Temperatur der Gase vor der Verbrennung ihrer Bestandteile nicht unter deren Zündtemperatur herabsinkt. Die Heranbringung des O_2 an den C und seine Vermischung mit den verbrennungsreifen Gasen, die beide durch Diffusion und Konvektion erfolgen, ist das Um und Auf der Feuerungstechnik.

Wird der Brennstoff, wie es bei der Planrostfeuerung der Fall ist, stoßweise bei völliger Abdeckung der Glut aufgegeben, so ist der Luftbedarf während der Entgasungszeit des Brennstoffes — manche Brennstoffe enthalten bis zu 40% flüchtige, brennbare Bestandteile — größer als nach seiner Entgasung. Damit auch während dieser Zeit die vollständige, vollkommende Verbrennung des Brennstoffes gewährleistet ist, wird bei der Planrostfeuerung mit einem größeren Luftüberschuß ($\lambda = 1{,}6$—$2{,}0$) als bei den mechanischen Rosten ($\lambda = 1{,}3$—$1{,}5$) gearbeitet. Es wird dadurch verhindert, daß während der Entgasungszeit ein Teil des CO und H_2 der Feuerungsgase unverbrannt in die Esse entweicht. Ihre gebundene Wärme ist unwiederbringlich verloren, die freie Wärme der bei höherem Luftüberschuß größeren Abgasmenge kann hingegen durch entsprechende Anordnung von Heizflächen ausgenützt werden. Die Höhe des Luftüberschusses hängt bei allen Rostfeuerungen von der Stückgröße, ihrer Gleichmäßigkeit und von dem Verhalten des Brennstoffes und seiner Asche beim Verbrennen ab. Die Verbrennungsluft wird entweder durch die Saugwirkung der Esse oder durch mechanische Sauganlagen oder durch Ventilatoren zugeführt. Die beiden letzgenannten Arten der Luftzufuhr haben den Vorteil der Unabhängigkeit von den Temperaturschwankungen der Abgase. Die Luft kann zur Gänze als Erstluft unterhalb der Brennstoffschicht zugeführt werden, sie kann auch teilweise als Zweitluft über der Brennstoffschicht in den Feuerungsraum gelangen. Bei der stoßweisen Brennstoffaufgabe bei völliger Bedeckung der Glut und Erst- und Zweitluftzufuhr wird die Erstluft bei unveränderter Brennstoffmenge ständig gleich gehalten, während die Zweitluft während der Entgasungsperiode erhöht wird. Trotzdem wird die Zusammensetzung der Abgase während der

Entgasungsperiode eine andere sein als nachher. Bei den Rosten mit nicht völliger Überdeckung der Glut durch den aufgegebenen Brennstoff und mit ununterbrochener Brennstoffaufgabe, bei welchen die Trocknung, Entgasung, Vergasung und Verbrennung in den einzelnen Abschnitten des Rostes gleichzeitig vor sich gehen, wird dies, vorausgesetzt, daß für eine gute Durchmischung der Gase der einzelnen Zonen gesorgt ist, nicht der Fall sein. Bezüglich der stoßweisen Brennstoffaufgabe ist noch zu sagen, daß es vorteilhafter ist, öfters kleine als selten große Mengen einzutragen. Tabelle 27 gibt eine Übersicht über die Rost- und sonstigen Feuerungen für feste Brennstoffe.

Tabelle 27. *Rost- und sonstige Feuerungen für feste Brennstoffe.*

Feuerung			Luftzufuhr[1] durch	verwendbar für	
Art	Bezeichnung				
Rost-Feuerung	Plan-Rost mit	Handbeschickung	Essenzug	hochwertige	Stein- und Braunkohlen aller Art u. Stückgr. (Stückk. u. Nuß I u. II bevorzugt)
			mech. Einrichtung	minderwertige	
		Wurffeuerung	,,	für alle Arten der hoch- u. minderw. Stein- und Braunkohlen, die nicht backen, Stückgr., ab Nuß II abwärts	
	Wander-Rost	Einfacher	Essenzug	für hochwertige	möglichst nicht backende Kohlen, günstigste Körn. Nuß IV u. V
		Unterwind Zonen	mechan. Einricht.	für hoch- und minderwertige	
	Unterschubfeuerung		mech. Einrichtung	für gasreiche nicht backende und aschenärmere Kohlen	
	Schräg- u. Treppen-Rost	feststehend	Essenzug	hochwertige	Kohlen aller Art und Stückgrößen
			mech. Einrichtung	hoch- und minderwertige	
		mechan. (Stoker-Rost)	mech. Einrichtung	für gasreiche, hoch- und minderwertige Kohlen ohne fließende oder festbrennende Asche	
	Mulden-Rost		mech. Einrichtung	für mulmige Braunkohle	
Halbgasfeuerung			mech. Einrichtung	für alle Arten der festen Brennstoffe stoffe über 5 mm Korngröße	
Kohlenstaub-Feuerung		Flach-Brenner	mech. Einrichtung	für alle Arten der Kohlen bis zu einem Aschengehalt von 60%	
		Wirbel-Brenner			
		Mühlen-Feuerung			

[1] bei gasarmen Kohlen nur Erst-, bei gasreichen Erst- und Zweitluft.

Die noch immer sehr starke Verwendung der Planrostfeuerung mit Handbeschickung ist darauf zurückzuführen, daß sie unempfindlich gegen Änderung der Kohlensorte und wenig empfindlich gegen Änderung der Kohlenart ist. Tabelle 28 gibt noch Aufklärung über die bei der Verfeuerung der verschiedenen festen Brennstoffe in Frage kommenden Rostbelastungen.

Die Schütthöhe hängt von der Art und Sorte des Brennstoffes ab. Bei Rohbraunkohle, Braunkohlenbriketts und Torf beträgt sie bei Verwendung des Treppenrostes bis zu 300 mm, bei den Plan- und Wanderrostfeuerungen mit Steinkohlen liegen die Schütthöhen unter 200 mm.

b) *Halbgasfeuerung.* Wird die Trocknung, Entgasung und Vergasung des festen Brennstoffes in einem Treppenrost-Gaserzeuger durchgeführt, der unmittelbar an den Feuerungsraum angebaut ist, so daß das Gas sofort verbrannt werden kann, so

Tabelle 28. *Rostbelastungen.*

Brennstoff	Rostbelastung kg/m²h				
	Planrost	Wanderrost		Treppenrost	Unter-Schubfeuer.
		nat. Zug	Unterwind		
Anthrazit	60—80	60—100	120—180	—	—
Koks	80—100	80—100	100—140	—	—
Mager-Förderkohle	60—90	80—120	200	—	—
Mager-Nußkohle	80—110	100—140	250	—	—
Gasflammkohlenst.	80—150	100—150	250	125—150	—
Gasflammkohle, Nuß	120—180	140—200	300	140—180	200—300
Fett-Nußkohle	120—180	—	300	—	200—300
Fett-Förderkohle	120—180	100—150	290	—	200—300
Koksgrus	100	100	270	—	—
Roh-Braunkohle	—	—	400	200—300	—
Braunkohlen-Brik.	90—150	125—175	—	120—200	—
Torf		—	—	160—300	—

liegt „Halbgasfeuerung" vor. Sie hat vor der Rostfeuerung den Vorteil, daß bei ihr mit einem geringen Luftüberschuß (1,2—1,3) gearbeitet und daß die Zweitluft (Verbrennungsluft) hoch vorgewärmt werden kann, sie ergibt daher einen besseren thermischen Wirkungsgrad als die Rostfeuerung. Die Halbgasfeuerung findet insbesonders bei Öfen zum Glühen, Tempern, und Vorwärmen von Stahl und Nichteisenmetallen Verwendung, wenn die Errichtung einer Zentralgaserzeugeranlage nicht in Frage kommt.

c) *Staubfeuerung.* Wird die Roh- oder die entgaste Kohle zu Staub von der Feinheit des Mehles vermahlen, so wird sie mit Hilfe der Staubfeuerung verbrannt. Diese Art der Verfeuerung weist die Vorzüge der Öl- und Gasfeuerung auf: Gute und leichte Mischung des Brennstoffes mit Verbrennungsluft, vollständige, vollkommene Verbrennung des Staubes mit geringem Luftüberschuß (1,1—1,25), rasche Anpassung der Feuerung an wechselnde Betriebsverhältnisse, leichte Wartung und Bedienung, kein Aufenthalt durch Rostreinigung, wenig Unverbranntes in der Asche. Die Staubfeuerung ermöglicht die Verbrennung bis zu einem Aschengehalt von 60%. Der thermische Wirkungsgrad ist bedeutend günstiger als bei der Rostfeuerung, er ist auch bei starken Belastungsschwankungen hoch. Ihr Nachteil ist die Schwierigkeit der Ausscheidung der Flugasche aus den Abgasen. Bei der Kohlenstaubfeuerung geht die Verbrennung der Kohle ebenfalls auf dem Wege über ihre Ent- und Vergasung vor sich. Für das Vermahlen der Kohle zu Kohlenstaub für Staubfeuerung werden 10—30 kWh/t verbraucht. Die Verbrennung des Kohlenstaubes wird mit Flach- oder mit Wirbelbrennern durchgeführt. Die ersten ergeben eine lange, die zweiten eine kurze Flamme. Flachbrenner werden bei der Kesselfeuerung dann verwendet, wenn eine U-(u-förmige)Flamme notwendig ist. Wird eine L-(in die Länge gerichtete)Flamme benötigt, so kommt der Wirbelbrenner in Frage. Die Leistung der Kohlenstaubbrenner liegt in den Grenzen von 40—600 kg/h. Die Förderung des Kohlenstaubes erfolgt pneumatisch, die Förderluft ist gleichzeitig Erstluft. Eine besondere Art der Kohlenstaubfeuerung ist die Mühlenfeuerung. Bei dieser wird die Trocknung und Vermahlung der Kohle mit Hilfe der Schleudermühle unmittelbar an der Feuerungsstelle durchgeführt, die Trocknung der Kohle erfolgt in der Mühle selbst durch heiße Abgase. In diesem Fall braucht der Staub nicht so feingemahlen werden, wie es bei den anderen Arten der Kohlenstaubfeuerung notwendig ist. Eine besondere Art der Kohlenstaubfeuerung, mit welcher auch gröberer Kohlenstaub verbrannt werden kann, ist die Schwebefeuerung von ROZINEK.

42. Verbrennung der flüssigen Brennstoffe. Die Verbrennung der flüssigen Brennstoffe geht im allgemeinen so vor sich, daß der flüssige Brennstoff zuerst verdampft, worauf sich dann die Dämpfe der hochmulekularen Kohlenwasserstoffe durch Kettenreaktionen bis zu den einfachen unstabilen Atomgruppen, CO, H, CH, OH und freien C abbauen, die dann verbrennen. Die leichte und gute Mischbarkeit der Dämpfe und Gase des flüssigen Brennstoffes mit der Verbrennungsluft ermöglicht ihre vollständige, vollkommene Verbrennung mit einem geringen Luftüberschuß (1,1—1,25). Ihre Verbrennung wird bei kleinen Feuerungsstellen mit Hilfe von Verdampferbrennern — Tropf- und Schalenfeuerung — durchgeführt, bei welchen das Öl durch Tropfen auf einen heißen Stein, oder durch die Strahlung der Flamme in gußeisernen Schalen verdampft wird. Sind größere Heizleistungen notwendig, so kommen Zerstäuberbrenner in Betracht. Es gibt Nieder- (100—1000 mm WS) und Hochdruck- (einige atü) Luftzerstäuber, dann Dampfzerstäuber, die mit hochgespanntem Dampf die Zerstäubung vornehmen. Sie kommen in erster Linie für Rückstandsöle, Teeröle und Teer in Frage. Weiters Druckzerstäuber, in welchen das unter Druck zugeführte Öl durch seine Entspannung zerstäubt wird und endlich Zentrifugalzerstäuber, die die Fliehkraft dazu benützen.

43. Verbrennung der gasförmigen Brennstoffe. Die Heizgase bieten den Brennstoff schon im verbrennungsreifen Zustand dar. Er ist lediglich mit der Verbrennungsluft zu mischen und zu verbrennen. Die Mischung ist leicht durchzuführen, es ist daher möglich, die Heizgase mit einem Luftüberschuß von 1,05—1,2 zu verbrennen. Die von schweren Kohlenwasserstoffen freien Heizgase können vor der Verbrennung vorgewärmt werden, so daß selbst mit Schwachgasen eine hohe Flammentemperatur erzielt werden kann. Die Gasfeuerung ermöglicht daher hohe thermische Wirkungsgrade. Die Verbrennung der Gase erfolgt mit Hilfe von Gasbrennern, die entweder wie beim Bunsenbrenner eine teilweise Bildung des Gasluftgemisches herbeiführen (Venturimischer, Teerbeckbrenner, Pharus- und Selas-Verfahren) oder durch Gasbrenner mit vollständiger Gemischbildung (Niederdruckventilatorwind-Brenner u. a). Die Brenner müssen mit Rückschlagsicherungen ausgestattet sein. Rückschlagen der Flamme tritt dann ein, wenn die Strömungsgeschwindigkeit des Gases kleiner ist als seine Zündgeschwindigkeit. Schwankungen im Gasdruck können durch Gasdruckregler ausgeglichen werden, bei dem Arbeiten mit gereinigtem Gas kann die Gasfeuerung weitgehend automatisiert werden.

44. Thermischer Wirkungsgrad. Der thermische Wirkungsgrad η ist durch das Verhältnis der nutzbar verwerteten zu den tatsächlich aufgewendeten Wärmeeinheiten gegeben:

$$\eta = \frac{\text{kcal nutzbar verwertete Wärme}}{\text{kcal eingeführte Wärme}} = \frac{\text{kcal (n)}}{\text{kcal (e)}} .$$

Wird die Verbrennungsluft und wird, falls mit Gas gearbeitet wird, auch dieses vorgewärmt, so muß selbstverständlich ihre freie Wärme als eingeführte Wärme mit in Rechnung gestellt werden. Gehen in dem Werkstoff, der vorgewärmt oder geschmolzen wird, mit einer Wärmeentwicklung verbundene chemische Veränderungen vor sich, wie z. B. die Verzunderung des Eisens in dem Vorwärmofen oder die Verbrennung der Eisenbegleiter beim Stahlschmelzen, so müssen auch die dabei frei werdenden Wärmeeinheiten im Nenner des Bruches berücksichtigt werden. η ist um so größer, je kleiner der Gesamtwärmeverlust ist, der sich aus den folgenden Verlusten zusammensetzt: 1. Verlust durch die freie, fühlbare Wärme der Abgase; 2. Verlust durch die gebundene Wärme des unverbrannten CO und H_2; 3. Verlust durch Rostdurchfall, Flugstaub, Flugkoks und Ruß; 4. Verlust durch Wärmeleitung und Wärmestrahlung.

Der Verlust durch die freie, fühlbare Wärme der Abgase wird durch ihre Menge und Temperatur bestimmt. Beide hängen von dem Luftüberschuß ab, mit dem die Verbrennung durchgeführt wurde, sie sind um so geringer, je kleiner der Luftüberschuß ist. Der Zusammenhang zwischen Luftüberschuß und Abgasmenge ist ohne weiters klar. Daß trotz der bei kleiner werdendem Luftüberschuß ansteigenden Flammentemperatur die Temperatur der den Feuerungsraum verlassenden Abgase zurückgeht, ist darauf zurückzuführen, daß die von der Flamme auf die Heizflächen übertragene Wärmemenge anteilmäßig um so größer ist, je höher das Temperaturgefälle zwischen beiden ist. Die Wärmeübertragung erfolgt durch Wärmedurchgang (Leitung in demselben Stoff), durch Wärmeübergang oder Konvektion (Leitung zwischen zwei Stoffen) und durch Strahlung. Die durch Leitung übertragene Wärme ist dem Temperaturunterschied zwischen den einzelnen Zonen bzw. zwischen Flamme und Heizfläche unmittelbar proportional. Die durch die Strahlung übergehende Wärme ist dagegen der Differenz der vierten Potenzen der absoluten Temperaturen des strahlenden Teiles und der angestrahlten Heizflächen unmittelbar proportional. Dieser Einfluß der Flammentemperatur auf den Wärmeübergang hat zur Folge, daß mit steigender Flammentemperatur anteilmäßig immer mehr Wärme übertragen wird. Es entweichen daher die Abgase bei der höheren Flammentemperatur kälter als bei der niedrigeren. Bezüglich der durch Strahlung übertragenen Wärme ist noch zu sagen, daß sie nicht nur von der Temperatur der Flamme, sondern auch noch von ihrer Leuchtkraft abhängig ist. Je leuchtender die Flamme, um so mehr Wärme strahlt sie bei gleicher Flammentemperatur aus. Aus diesem Grunde werden Gase wie das Koksofengas, die zwar eine hohe Flammentemperatur aber keine leuchtende Flamme ergeben, karburiert.

Bei Öfen mit hohen Abgastemperaturen erreicht der Wärmeverlust durch die Abgase bis zu 60% der eingeführten Wärme. Er kann dadurch verringert werden, daß diese Wärme, soweit es möglich ist, dem Kreisprozeß zugeführt wird. Davon wird reichlich Gebrauch gemacht, wie beispielsweise: Überhitzung des Wasserdampfes, Vorwärmung des Speisewassers und der Verbrennungsluft, bei Gasfeuerung auch Vorwärmung des Gases. Bei Kesselfeuerungen wird durch diese Maßnahmen der Wärmeverlust durch die Abgase bis auf 6% herabgesetzt. Ist die Ausnutzung der Abhitze für den Kreisprozeß nicht möglich, so wird sie, soweit es wirtschaftlich ist, zu anderen Zwecken verwendet: Abhitzekessel bei Schmelz- und Vorwärmöfen und bei Explosions- und Gasmaschinen.

Die Verluste durch unverbranntes Gas (CO und H_2) sind unersetzlich. Ihre Ursache sind absoluter oder örtlicher Luftmangel, beide sind durch Verwendung eines genügenden Luftüberschusses, durch gleichmäßige Beschaffenheit des Brennstoffbettes, durch innigste Mischung der Luft mit den Verbrennungsgasen, durch die Verhinderung der vorzeitigen Abkühlung der noch brennbaren Gase zu vermeiden.

Die Verluste durch Rostdurchfall, Flugstaub, Flugkoks und Ruß sind von der Bauart des Rostes, der Beschaffenheit des Brennstoffes und seinem Verhalten bei seiner Verbrennung und den Druckverhältnissen in der Feuerung abhängig. Bei guter Bedienung und Verwendung einer dem Brennstoff angepaßten Feuerung übersteigt dieser Verlust nicht 3%.

Die Strahlungs- und Leitungsverluste entstehen durch die Wärmeleitung und -ausstrahlung des Mauerwerkes der Feuerungsstelle in den freien Raum. Sie sind abhängig von der Größe der Oberfläche, von der Wandstärke des Mauerwerkes, seiner Wärmeleitfähigkeit, der Arbeitstemperatur und der Belastung und Beanspruchung der Feuerung. Je größer diese beiden letztgenannten sind, um so geringer ist der Verlust durch Leitung und Strahlung. Sie wird durch Isolation und zweckentsprechende Anordnung der Feuerung und richtige Ausführung des Feuerungsraumes herabgesetzt. Diese Verluste lassen sich schwer bestimmen, sie werden daher in der Regel als Restglied der Wärmebilanz berechnet. Ihre Höhe schwankt bei den verschiedenen Feuerungen sehr stark, bei Kesseln mit Innenfeuerung fallen sie bis auf 2,5%, bei solchen mit vorgebautem Feuerungsraum können sie bis auf 4%, bei Schmelz- und Vorwärmöfen sogar bis auf 33% ansteigen. Tabelle 29 gibt den Wirkungsgrad und die auf die einzelnen Verlustquellen entfallenden Anteile für einige Feuerstellen wieder.

Tabelle 29. *Verluste und Wirkungsgrade einiger Feuerungsstellen in %.*

Feuerungsstelle		Kesselfeuerung	Gießerei Schachtofen	Regenerativ-Vorwärmofen	Siemens Martin-Ofen	einf. Flammofen
Verlust durch	Abgas	13—6,0	8,1	34,7	41,3	69
	Unverbranntes	bis 3	—	—	—	(7)
	Strahlung u. Leitung	2—4	13,8	26,3	33,0	20
Wirkungsgrad		82—90	78,1	38,8	19,3	11,0

Der Wirkungsgrad einer Feuerungsstelle wird einerseits durch ihre Bauart, andererseits durch ihre Betriebsführung beeinflußt. Diese hat insbesondere auf die Einhaltung bestimmter Bedingungen im Brennstoffbett zu achten. Hochwertige, gasarme Brennstoffe sollen mit großer Oberfläche verfeuert werden, und zwar Anthrazit mit kleiner Körnung und mittlerer Schicht, Koks mit grober Körnung und hoher Schicht. Hochwertige gasreiche Kohlen sind mit mäßiger Schichthöhe zu verheizen, ununterbrochene Beschickung ist zur Vermeidung ihrer unvollständigen, unvollkommenen Verbrennung notwendig. Der günstigste Wirkungsgrad wird bei den hochwertigen Brennstoffen bei mittlerer Belastung der Feuerung erzielt. Minderwertige Brennstoffe erfordern dagegen zur Aufrechterhaltung günstiger Verbrennungstemperaturen kräftige Beanspruchung und wärmedichten Feuerungsraum. Ist der minderwertige

Tabelle 30. *Feuerraumbelastungen (Dampfkessel).*

Brennstoff			kcal/m³ Feuerraum, h
Holz			450 000
Torf, lufttrocken			500 000
Rohbraunkohle 50% H_2O			450 000
Böhmische Braunkohle			700 000
Steinkohle (7500 kcal)			750 000
Koks			580 000—660 000
Heizöl	große Hochdruckkessel		356 000—1 780 000
	Schiffskessel	Kriegs-	356 000—890 000
		Handels-	530 000—1 750 000
	Industrieöfen		267 000—890 000
Kohlenstaub			300 000—900 000

Brennstoff gasarm, so ist eine große Oberfläche, also weitgehende Zerkleinerung von Vorteil. Tabelle 30 gibt die zulässigen Feuerraumbelastungen der Dampfkesselfeuerungen bei Verbrennung der verschiedenen Brennstoffe wieder.

45. Betriebsüberwachung der Feuerung, Ermittlung des Wirkungsgrades. Man überwacht den Betrieb einer Feuerungsstelle am besten dadurch, daß man ihren Wirkungsgrad dauernd bestimmt. Zur Durchführung dieser Aufgabe ist nötig: 1. eine ständige Ermittlung der Menge des verheizten Brennstoffes; 2. die Entnahme einer genauen Durchschnittsprobe desselben zur Ermittlung seines Heizwertes, seiner Elementarzusammensetzung und seiner Asche; 3. Ermittlung der Menge und Durchschnittstemperatur des der Verbrennungsluft zugeführten Dampfes; 4. bei gasförmigem heißem Brennstoff Ermittlung seiner Durchschnittstemperatur; 5. Ermittlung der Durchschnittstemperatur und Durchschnittszusammensetzung der Abgase; 6. Entnahme einer Durchschnittsprobe der Asche der festen Brennstoffe zur Feststellung des Rostdurchfalles, Feststellung der Menge des Flugstaubes und Kokses und ihres C-Gehaltes; 8. Ermittlung der Menge des erzeugten Dampfes oder des erhitzten oder geschmolzenen Gutes und ihrer Temperatur. Tabelle 31 gibt an, in welcher Weise diese Proben und ihre Zusammensetzung und Temperatur zur Bestimmung des Wirkungsgrades benützt werden. Der nach der Tabelle 31 berech-

Tabelle 31. *Ermittlung des Wirkungsgrades einer Feuerung.*

Durchzuführende Bestimmungen:

1. *Brennstoff*:
   a) Verbrauch in kg (fester oder flüssiger Brennstoff) oder m³ (gasförmiger Brennstoff): Q_1.
   b) Durchschnittsanalyse:
   feste oder flüssige Brennstoffe: 1 kg enthält kg: $C = c_1$, $H = h_1$, $O = o_1$, $N = n_1$, $S = s_1$, $H_2O = w_1$, Asche $= a_1$, unterer Heizwert $= H_{u1}$.
   gasförmige Brennstoffe: 1 m³ enthält m³: $CO_2 = k_1$, $CO = q_1$, $H_2 = h_1$, $O_2 = o_1$, $N_2 = n_1$, $CH_4 = r_1$, $C_2H_4 = s_1$, $C_2H_2 = v_1$, $H_2O = w_1$, unterer Heizwert $= H_{u1}$; 1 m³ enthält kg: Teer und Ruß $= c_1$ kg C.
   c) Gesamtkohlenstoff der festen und flüssigen Brennstoffe: $C_1 = Q_1 \cdot c_1$. Gesamtkohlenstoff der gasförmigen Brennstoffe: $C_1 = [(k_1 + q_1 + r_1 + s_1 + v_1)\,0{,}536 + c_1]\,Q_1$.
   d) Durchschnittstemperatur des gasförmigen Brennstoffes: t_1.
   e) Mittlere spezifische Wärme des Gases $= c_{pmg1}$ (Seite 51).
2. *Verbrennungsluft*:
   a) Menge in m³ : $L_w = \dfrac{Q_4 \cdot n_4 - Q_1 \cdot n_1 \cdot 0{,}8}{79}$ m³.
   b) Durchschnittstemperatur: t_1.
   c) Luftüberschuß: $= \lambda = \dfrac{L_w}{L_{th}}$.
3. *Verbrennungsdampf*:
   a) Menge in kg: Q_2.
   b) Durchschnittstemperatur: t_2.
   c) Mittlere spezifische Wärme: c_{pmH_2O}.
4. *Heizgut*:
   a) Menge in kg: Q_3.
   b) Durchschnittstemperatur: t_3.
   c) Mittlere spezifische Wärme: c_{pm3}.
5. *Abgase* naß:
   a) Menge in m³: $Q_4 = \dfrac{C_1 - (C_5 + C_6)}{c_4}$ m³.
   b) Durchschnittliche Analyse: 1 m³ enthält m³: $CO_2 = k_4$ $CO = q_4$ $H_2 = h_4$, $O_2 = o$, $N_2 = n_4$, $H_2O = w_4$; Ruß $= c_4'$ kg: 1 m³ enthält kg $C = c_4 = [(k_4 + q_4'); 0{,}536 + c_4']$ kg.
   c) Mittlere spezifische Wärme: $c_{pmg4} = k_4 \cdot c_{pmCO_2} + (q_4 + h_4 + o_4 + n_4)\,c_{pmL} + w_4 \cdot c_{pmH_2O}$.
   d) Durchschnittstemperatur: t_4.

6. *Flugkoks:*
a) Menge in kg: Q_5.
b) 1 kg enthält kg C: c_5.
c) Gesamtmenge des C des Flugkokses $C_5 = Q_5 \cdot c_5$.

7. *Kohlenstoff in der Asche:*

$$C_6 = \frac{Q_1 \cdot a_1 \cdot c_6}{(1 - c_6)} \text{. 1 kg trockene Rückstände enthält } C\text{: } c_6.$$

$$\text{Wirkungsgrad: } N = \frac{Q_3 \cdot t_3 \cdot c_{pm3}}{\underbrace{Q_1 \cdot H_{u1} + L_w \cdot c_{pmL} \cdot t_1 + Q_2 \cdot c_{pmH_2O} \cdot t_2 + Q_1 \cdot c_{pmg1} \cdot t_1}_{\text{kcal (e)}}} \cdot 100\%.$$

$$\text{Verlust durch freie Wärme der Abgase: } V_1 = \frac{Q_4 \cdot c_{mpg4} \cdot t_4}{\text{kcal (e)}} \cdot 100\%.$$

Verlust durch unverbranntes Gas:

$$V_2 = \frac{Q_4 \cdot (q_4 \cdot 3020 + h_4 \cdot 2570 + c_4' \cdot 8100)}{\text{kcal (e)}} \cdot 100\%.$$

$$\text{Verlust durch Unverbranntes im Rückstand: } V_3 = \frac{(C_5 + C_6) \cdot 8100}{\text{kcal (e)}} \cdot 100\%.$$

$$\text{Verlust durch Strahlung und Leitung: } V_4 = 100 - (N + V_1 + V_2 + V_3)\%.$$

nete Wirkungsgrad entspricht in jenen Fällen, in denen im Heizgut chemische Reaktionen vor sich gehen, die mit Wärmeentwicklung oder Wärmebindung verbunden sind, nicht dem tatsächlichen Wirkungsgrad, da diese der eingebrachten Wärme zu bzw. abgerechnet werden müßten. Ihre Ermittlung ist jedoch kaum möglich, sie wird daher bei der dauernden Überwachung des Wirkungsgrades unterlassen. Es ist dies weiter kein Nachteil.

VII. Vergasung der festen Brennstoffe.

46. Chemische Grundlagen. Die Vergasung der festen Brennstoffe verfolgt das Ziel, den festen Brennstoff restlos in Gasform überzuführen. Dies wird dadurch erreicht, daß der nach der Entgasung des festen Brennstoffes im Gaserzeuger zurückbleibende fixe C vollständig unvollkommen, das heißt zu CO verbrannt wird. Dies kann einerseits durch den O_2 der Vergasungsluft, anderseits durch den O_2 von Wasserdampf, weiter durch beide oder durch reinen O_2 und Wasserdampf erfolgen. Tabelle 32 gibt die Reaktionen, durch die der Kohlenstoff vergast wird, und ihre Gewichts- und Volumenverhältnisse wieder.

Tabelle 32. *Vergasung des Kohlenstoffes.*

Art der Vergasung	Chemische Reaktion, ihre Gewichtsverhältnisse und Wärmeentwicklung, o.-bedarf.	Theor. Bedarf je				Gaszusammensetzung und Gasmenge						
			O_2	Luft	H_2O	CO		H_2		N_2		Su
		kg	kg m³	kg m³	kg m³	kg m³	%	kg m³	%	kg m³	%	kg m³
Luftgas	$2C + O_2 = 2CO$ $24 + 32 = 56 + 58\,600$ kcal	1	1,33 0,93	5,73 4,43	— —	2,33 1,86	34,6	— —	—	4,4 3,51	65,4	6,73 5,37
Wassergas I	$C + H_2O = CO + H_2$ $12 + 18 = 28 + 2 - 28300$ kcal	1	— —	— —	1,5 1,86	2,33 1,86	50,0	0,17 1,86	50,0	— —	—	2,50 3,73
O_2 Wassergas	$2C + H_2O + 1/2\,O_2 = 2CO + H_2$ $24 + 18 + 16 = 56 + 2 + 1000$ kcal	1	0,67 0,47	— —	0,75 0,93	2,33 1,86	66,7	0,085 0,93	33,3	— —	—	2,415 2,79
Wassergas II	$C + 2H_2O = CO_2 + 2H_2$ $12 + 36 = 44 + 5 -$ 18 200 kcal	1	— —	— —	3,0 3,72	CO_2 3,67 1,86	33,3	0,34 3,72	66,7	— —	—	4,01 5,58

Bei der Vergasung des C zu CO geht die Bildung des CO nur teilweise unmittelbar vor sich, sie erfolgt auch durch die folgenden Reaktionen:

Die Luftgas- und die Sauerstoff-Wassergasreaktion ist wärmeentwickelnd (exotherm), beide Wassergasreaktionen sind wärmebindend (endotherm).

$$
\begin{array}{llll}
C & + O_2 = CO_2 & & \\
12 & + 32 = 44 & & + 97\,200 \text{ kcal} \\
CO_2 & + C \ = 2\,CO & & \\
44 & + 12 = 56 & & - 38\,600 \text{ kcal} \\
\hline
2C & + O_2 = 2CO & & + 58\,600 \text{ kcal}
\end{array}
$$

47. Erzeugung von Schwachgas, Luft und Mischgas I und II. Schwachgas wird durch Vergasung der festen Brennstoffe mit Luft oder mit Luft unter Zusatz von Wasserdampf erhalten. Der Dampfzusatz kann entweder so hoch gehalten werden, daß die Temperatur in der Vergasungszone über 1100° C liegt, so daß der C vollständig zu CO vergast und Mischgas I, das aus Luftgas und Wassergas I besteht, erhalten wird. Es ist jedoch auch möglich, den Dampfzusatz soweit zu erhöhen, daß die Temperatur in der Vergasungszone bis auf 700° C herabgesetzt wird, in welchem Fall der C zu CO_2 vergast und als brennbarer Bestandteil des Gases nur H_2 (Mischgas II) erhalten wird. Tabelle 33 gibt die Zusammensetzung der Gase, ihren unteren Heizwert und den Wirkungsgrad wieder, der bei der Vergasung des Kohlenstoffes mit Luft allein und mit Luft und wenig oder viel Wasserdampf erreicht werden kann.

Tabelle 33. *Gasmenge, Zusammensetzung, Heizwert und Wirkungsgrad der verschiedenen Arten der Vergasung des Kohlenstoffes.*

Vergasung mit		Gaszusammensetzung und Gasmenge: CO m³ / %	CO_2 m³ / %	H_2 m³ / %	N_2 m³ / %	Summe m³	H_u kcal/m³	Wirkungsgrad η ohne Eigenwärme des Gases %	Temperatur in der Vergasungszone
Luft allein	Luftgas	1,866	—	—	3,5	5,366	1063	$\frac{5{,}37\cdot 1063\cdot 100}{8100} = 70{,}2$	1470
		34,5	—	—	65,5				
Luft und Dampf kg/kg C	(0,27) Mischgas I	1,866	—	0,33	2,86	5,066	1284	$\frac{5{,}06\cdot 1284\cdot 100}{8100+0{,}27\cdot 600} = 79{,}07$	1150
		36,78	—	6,64	56,58				
	(2,13) Mischgas II	—	1,866	2,64	2,03	6,536	1035	$\frac{6{,}53\cdot 1035\cdot 1000}{8100+2{,}13\cdot 600} = 72{,}9$	700
		—	28,48	40,42	31,08				

Man sieht, daß die Erzeugung von Mischgas I am günstigsten ist, sie ergibt das hochwertigste Schwachgas und den höchsten Wirkungsgrad. Die Vergasung der festen Brennstoffe erfolgt daher in der Regel so, daß Mischgas I erhalten wird. Mit einem stärkeren Dampfzusatz, bei welchem ein Gemenge von Mischgas I und II (Mondgas) erhalten wird, wird nur dann gearbeitet, wenn der N des Brennstoffes in Form von NH_3 als Nebenerzeugnis der Vergasung gewonnen werden soll. Luftgas wird nur in dem Abstichgaserzeuger erzeugt, in welchem die Asche durch Verflüssigung entfernt wird, so daß eine Herabsetzung der Temperatur in der Vergasungszone durch Wasserdampf nicht möglich ist. In den gebräuchlichen Gaserzeugern wird nur dann ohne Dampfzusatz vergast, wenn der zu vergasende Brennstoff keine über 1100° liegende Temperatur in der Vergasungszone ergibt. Dies ist bei der Vergasung der wasserreichen Rohbraunkohlen der Fall. Bei Steinkohlen können der Vergasungsluft bis zu 0,4 kg Wasserdampf je kg vergaster Kohle zugesetzt werden. Die Höhe des Wasserdampfzusatzes wird durch die Messung der Temperatur des Dampfgemisches überwacht. Sie kann durch Regler ständig auf die gleiche Höhe eingestellt werden. Es wird mit überhitztem Dampf gearbeitet.

erhalten werden kann. Zur gleichmäßigen Verteilung der Luft muß die freie Rostfläche des Gaserzeugers 6—7%, bei Vergasung von Braunkohlenbriketts mindestens 10% des Schachtquerschnittes betragen. Bei Gaserzeugern mit großem Querschnitt werden bei Vergasung von Kohlen mit sandigen und dicht liegenden Rückständen neben der Rosthaube auch noch Peripherieroste verwendet. Die Lage und Höhe der Vergasungszone ist zeitweise durch Einführen einer Stahlstange bis zu dem Rost durch deren Erglühen festzustellen. Dauernde Überwachung der Temperatur des Dampf-Luftgemisches und der Gastemperatur im Abzugstutzen des Gaserzeugers durch registrierende Temperaturmesser sind weitere Maßnahmen zur Sicherung der einwandfreien Vergasung. Tabelle 34 gibt nach den „Anhaltszahlen für Wärmewirtschaft“ von K. Rummel, 4. Aufl., 1947, die Vergasungsbedingungen für eine Reihe von Brennstoffen und die Zusammensetzung und den H_u der erhaltenen Gase wieder.

Tabelle 34. *Vergasungsbedingungen, Gaszusammensetzung und -Heizwert.*

Gaserzeuger		Drehrost-								Abstich-
vergaster Brennstoff		Rohbraunkohle		Braunkohlenbrik.		Gasflammkohle		Anthrazit	Brech-Koks	Koks
		niederrhein.	ostelbische	niederrhein.	mitteldeutsche	Ruhr-	Saar-			
Schütthöhe cm		80—130	150—170	130—150	150—200	80—130	—	70—100	100—150	—
Durchsatz kg/m^2 h		150—180	150—180	120—150	100—130	80—150 (Rührarm 220)	120—200	60—80 (140)	200—250	600—650
Dampf kg/100kg		0—20	25	10—15	15—20	15—35	15—25	40—60	30—50	30—45
Gastemperatur		100—150	350—400	300—450	250—350	600—750	600—750	300—600	450—750	600—1000
Luft Nm^3/kg		0,7—0,9	1,4—1,45	1,45—1,55	—	2,6—2,7	2,3—2,6	2,7—3,2	2,7—3,1	—
Winddruck mm WS.		—	60—110	130—300	100—200	100—200	—	—	100—150	200—2000
Gasausbring. Nm^3/kg		1,2—1,3	2,3—2,4	2,3—2,5	—	3,7—3,9	3,3—3,5	4,5—4,8	4—4,6	—
H_u $kcal/m^3$		1100 bis 1250	1530 bis 1600	1400 bis 1600	1450 bis 1550	1350 bis 1500	1450 bis 1550	1440	1150 bis 1200	1073
Gas-Zusammensetzung	CO_2%	8,8	4—6	3—5	4—6	1—5	1,5—4	3,0	2,5—6	1,2
	CO%	23,5	29—31	28—32	28—31	25—31	28—31	30,0	30,5	32,5
	H_2%	11,3	14,5	13—15	15—17	8—13	9—12	11,3	16,9	10—12
	CH_4%	0,6	3,5	1,5—3	2—3,5	2—4	2,2—3	1,0	0,6	0,7
	C_nH_m%	0,2	0,3—0,4	0,3—0,4	0,2	0,2—0,5	0,5—0,8	0	0	0
	$g H_2O/m^3$	350—400	90—110	70—100	110—150	30—80	30—50	25—40	25—30	15—30
	Teer g/m^3	15—20	25—30	20—30	30—40	10—20	12—17	0,3	0	0
	S g/m^3	0,1—1	0,1—1	0,2—1	3	—	—	0,1—1	—	—
	Staub g/m^3	1—2	1,4	1—2	—	5—10	2—5	14	12	4—6

Tabelle 35 gibt die Wärmebilanzen wieder, die bei Gaserzeugern mit feststehendem Rost, mit Drehrost und bei Abstichgaserzeugern erzielt wurden.

Wird das Gas zu Heizzwecken verwendet, so wird es meistens als Rohgas unmittelbar den einzelnen Feuerungsstellen durch Gaskanäle oder durch Rohrleitungen aus Stahlblech zugeführt. Der Gasdruck in der Hauptgasleitung wird zweckmäßig durch einen automatischen Gasdruckregler auf gleicher Höhe gehalten. Die Stahlrohrleitungen sind, soweit es die Gastemperatur notwendig macht, mit feuerfesten Steinen ausgemauert. In die Rohrleitungen sind Staub-, Teer- und Wasserabscheider eingebaut. Die Ausscheidung des Teeres erniedrigt den Heizwert des Gases, die des Wassers vermindert seine Ballaststoffe. Bei der Vergasung von wasserreichen Brennstoffen (Rohbraunkohle und wasserreicher Torf) muß das Gas vor der Verwendung abgekühlt werden, damit sich sein Feuchtigkeitsgehalt erniedrigt. Dadurch wird, trotz der weitgehenden Abscheidung seines Teergehaltes, sein pyrometrischer Wirkungsgrad verbessert; sollte es dann nicht mehr mit entsprechend leuchtender Flamme verbrennen, so kann durch nachfolgende Karburierung mit Teer die Leuchtkraft seiner Flamme wieder erhöht werden. Wird das Gas zur Heizung von Wärmebehandlungsöfen verwendet, so wird, besonders wenn deren Heizung weitgehend automatisiert wird, das Gas gereinigt. In diesem Fall werden Staub, Teer und Feuchtigkeit vollkommen ausgeschieden. Der Teer wird, wenn es notwendig ist, teilweise zur Karburierung des Gases verwendet, der Rest ist ein wertvolles Nebenerzeugnis. In seiner Zusammensetzung ähnelt er dem Urteer,

Tabelle 35. *Wärmebilanzen von Gaserzeugern.*

Gaserzeuger	mit festem Rost (Morgan-)		Drehrostgaserzeuger				Abstichgaserzeuger	
							Würth	Georgs-marien-hütte
Brennstoff	Steinkohle		Stein-kohle	Braun-kohlen-brikett	Roh-braun-kohle	Koks	Perlkoks	
Gasart	Luftgas	Mischgas I						Luftgas
Eingeführte Wärme:								
durch Brennstoff %	100,00	97,09	94,70	96,97	100,00	97,09	94,92	99,1
durch Dampf %	—	2,91	5,30	3,03	—	2,91	2,78	—
durch Luftvorwärmung %	—	—	—	—	—	—	3,30	0,9
Summe %	100,00	100,00	100,00	100,00	100,00	100,00	100,00	100,00
Nutzbar verwertete Wärme:								
Gasheizwert %	77,42	85,42	71,00	82,15	75,00	79,50	74,20	72,00
fühlbare Wärme[1] des Gases %	12,54	9,92	18,63	11,47	4,92	2,30	14,70	18,63
Dampferzeugung %	—	—	—	—	—	15,40	—	—
Teer (Nebenerzg.) %	—	—	—	—	15,00	—	—	—
Summe %	89,96	95,63	89,63	93,62	94,92	97,20	88,90	90,30
Wärmeverluste:								
Staub u. Schlacke %	1,15	0,08				0,97	6,80	2,75
Kühlwasser %	—	—	10,35	6,38	5,08	—	1,03	3,85
Strahlung %	8,89	4,29				1,83	3,27	3,10
Summe %	10,04	4,37	10,35	6,38	5,08	2,80	11,10	9,70

[1] Wird das Gas nicht sofort unmittelbar hinter dem Gaserzeuger verwertet, sondern auf weite Strecken abgeleitet, so ist die fühlbare Wärme den Verlusten zuzuzählen.

da die Entgasung im Gaserzeuger ebenfalls eine Tieftemperaturentgasung ist. Bei der Vergasung von bitumenreichen Kohlen kann die Vergasung auch so durchgeführt werden, daß die Verschwelung der Kohle in einem in den Gaserzeuger eingebautem Schweleinsatz getrennt von der Vergasung des Koksrückstandes erfolgt. Er wird entweder durch das heiße Gaserzeugergas von außen geheizt; genügt jedoch die Hitze des Gases zur Außenbeheizung des Schweleinsatzes nicht, so wird ein Teil des Vergasungsgases zur Innenheizung des Schweleinsatzes durch diesen geleitet. In beiden Fällen wird das dem Schweleinsatz entströmende Gas gesondert abgeführt. Nach der Befreiung der aus dem Schweleinsatz strömenden Schwelgase oder Schwel- und Vergasungsgase vom Teer, werden diese mit dem Vergasungsgas wieder vereinigt.

Ist der zu entgasende Brennstoff stickstoffreich, so kann mit der Vergasung auch die Gewinnung von Ammoniak in Frage kommen. In diesem Fall muß die Vergasung zur Erniedrigung der Vergasungstemperatur mit einem großen Dampfzusatz nach dem Mondgas-Verfahren durchgeführt werden, bei welchem ein aus Mischgas I und II bestehendes Gaserzeugergas erhalten wird. Bei Steinkohle werden dabei je kg Kohle 2—2,5 kg, bei Braunkohle 1—1,5 kg Dampf benötigt. Der notwendige Dampf wird zum Teil mit Hilfe der fühlbaren Wärme des Gaserzeugergases erzeugt. Mit der Stickstoffgewinnung ist gleichzeitig die Gewinnung des Gaserzeugerteeres verbunden.

Der Abstichgaserzeuger dient den Hochofenwerken als Reserve, die dann herangezogen wird, wenn durch Betriebsstörungen am Hochofen die Gichtgasversorgung der an den Hochofen angeschlossenen Betriebe gefährdet ist. Er ist eine Art Hochofen, bei welchem jedoch das Gas das Haupterzeugnis und das gewonnene Roheisen von unvorhersehbarer Zusammensetzung Nebenerzeugnis ist.

Der Betrieb der Gaserzeugeranlage wird am besten dadurch überwacht, daß ihr Wirkungsgrad dauernd festgestellt wird. Tabelle 36 gibt eine Anweisung dafür.

Tabelle 36. *Ermittlung des Wirkungsgrades der Gaserzeugeranlage.*

Durchzuführende Bestimmungen:

1. *Brennstoff*:
   a) Verbrauch in kg: Q_1.
   b) Durchschnittsanalyse: 1 kg enthält kg: $C = c_1$, $H_2 = h_1$, $O_2 = o_1$, $N_2 = n_1$, $S = s_1$, $H_2O = w_1$, Asche $= a_1$, unterer Heizw. $= H_{u1}$.
   c) Gesamtkohlenstoff: $C_1 = Q_1 \cdot c_1$.
2. *Vergasungsluft*:
   a) Menge in m³: $L = \dfrac{Q_3 \cdot n_3 - Q_1 \cdot n_1 \cdot 0{,}8}{79}$.
   b) Durchschnittstemperatur: t_1.
   c) Mittlere spez. Wärme: c_{pm1}.
3. *Vergasungsdampf*:
   a) Menge in kg: Q_2.
   b) Durchschnittliche Temperatur: t_2.
   c) Mittlere spezifische Wärme: c_{pmH_2O}.
4. *Gaserzeugergas, naß*:
   a) Erzeugte Menge in m³: Q_3 ber. $= \dfrac{C_1 - C_2}{c_3}$.
   b) Durchschnittsanalyse: 1 m³ enthält m³: $CO_2 = k_3$, $CO = q_3$, $H_2 = h_3$, $O_2 = o_3$, $N_2 = n_3$, $CH_4 = r_3$, $C_2H_4 = s_3$, $H_2O = w_3$, unterer Heizwert: H_{u3}.
      1 m³ enthält kg: Teer und Ruß $= c'$ kg C.
      1 m³ enthält kg: $C = c_3 = c_3\,[(k_3 + q_3 + r_3 + 2s_3)\,0{,}536 + c']$.
   c) Durchschnittstemperatur: t_3.
   d) mittlere spez. Wärme: c_{pmg}.
5. *Kohlenstoff in den Rückständen*: $C_2 = \dfrac{Q_1 \cdot a_1 \cdot c_4}{(1 - c_4)}$ kg.

   1 kg trockener Rückstand enthält c_4 kg C.

Wirkungsgrad: $\eta = \dfrac{\text{kcal ausgebracht}}{\text{kcal eingeführt}} \cdot 100\%$

kcal ausgebracht: $Q_3 \cdot H_{u3} + Q_3 \cdot c_{pmg} \cdot t_3 - (q_3 + h_3 + o_3 + n_3)\,c_{pmL} + k_3\,c_{pmCO_2} + w_3 \cdot c_{pm}\,H_2O + r_3 \cdot c_{pm}\,CH_4 + s_3\,c_{pm}\,C_2H_4$.

Kcal eingeführt: $Q_1 \cdot H_{u1} + L \cdot c_{pmL} \cdot t_1 + Q_2 \cdot t_2 \cdot c_{pmH_2O}$.

Der Wirkungsgrad ist um die Lässigkeitsverluste (Stoch und sonstige Gasverluste) zu verkleinern, sie liegen in den Grenzen von 1—5%.

Fühlbare Wärme des Gases: $W = \dfrac{Q_3\,c_{pmg} \cdot t_3}{\text{kcal eingeführt}} \cdot 100\%$.

Wird das Gas nicht sofort aus dem Gaserzeuger in den Feuerungsraum geleitet, so geht die freie Wärme zum Teil oder zur Gänze verloren, es wird dann auch ein Teil des Teeres ausgeschieden.

Verlust durch unvergastem C: $V_1 = \dfrac{8100\,C_2}{\text{kcal eingeführt}} \cdot 100\%$.

Strahlungsverluste: $V_2 = (100 - \eta - V_1)$.

48. Erzeugung von Wassergas. Wird der C der entgasten oder nicht entgasten Kohle mit Hilfe von Wasserdampf nach der Reaktion

$$C + H_2O = CO + H_2 - 28\,300 \text{ kcal}$$

vergast, so wird Wassergas I erhalten. Diese nur bei Temperaturen über 1100° vor sich gehende Reaktion bindet Wärme, sie kann nur dann stetig durchgeführt werden, wenn dem Gaserzeuger gleichzeitig von außen Wärme zugeführt wird, was durch hocherhitzten Wasserdampf oder durch Umwälzgase erfolgen kann. Stetige Wassergaserzeugung kommt nur für die Erzeugung von Wassergas in Frage, das als Synthesegas verwendet wird. Wassergas, das als Heizgas benötigt wird, wird unstetig erzeugt. Gewöhnlich wird dazu Koks verwendet. Er wird zuerst durch Heißblasen mit Luft von hoher Geschwindigkeit auf Weißglut gebracht, sodann wird die Luft abgestellt und es wird überhitzter Wasserdampf eingeführt. Sobald die Temperatur des Kokses auf 1100° gesunken ist, wird der Dampf abgestellt und wieder mit Luft heißgeblasen, worauf wieder die Zuführung von überhitztem Dampf folgt, dies wiederholt sich immer wieder. Es wird 3—4 min mit hoher Luftgeschwindigkeit heißgeblasen und hierauf 12—17 min mit kleiner Dampfgeschwindigkeit vergast. Beim Heißblasen wird so gearbeitet, daß der C des Kokses überwiegend zu CO_2 verbrennt, es können dann je kg C 2,25 m³ Wassergas erhalten werden. Abb. 8 gibt die Vorgänge wieder, die sich beim Heißblasen und Vergasen im Wassergaserzeuger abspielen. Die heißen Abgase werden zur Dampferzeugung verwertet, sie liefern eine Dampfmenge, die dreimal so groß ist wie jene, die der Gaserzeuger zur Wassergaserzeugung benötigt. Der Wirkungsgrad des Wassergaserzeugers ist, wie die folgende Wärmebilanz zeigt, niedriger als der des Schwachgaserzeugers, da ein Teil der eingeführten Wärme zum Heißblasen verbraucht wird.

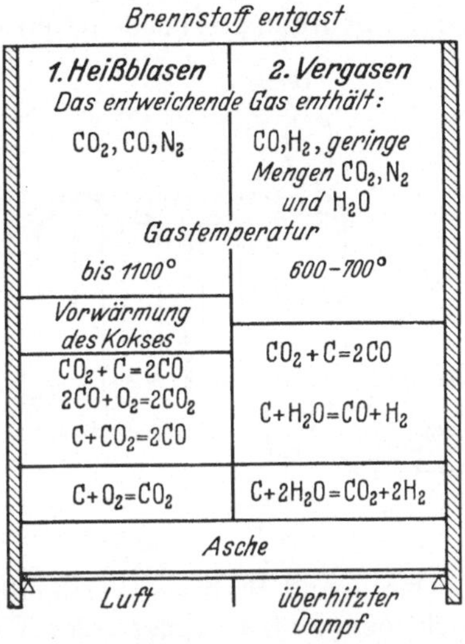

Abb. 8. Vorgänge im Wassergaserzeuger.

Wärmebilanz eines Wassergaserzeugers.

		kcal	%
Eingeführte Wärme:	1. Koks (0,55 kg, Hu 7980	4370	92,9
	2. Dampf (0,522 kg, 640 kcal)	335	7,1
	Summe:	4705	100,0
	1 m³ Wassergas mit 40% CO und 50% H_2		
ausgebrachte Wärme:	1. gebundene Wärme (H_0) des Gases	2730	58,1
	2. fühlbare Wärme des Gases (500°)	162	3,4
	3. Blasegas 1,9 m³ (0,18 m³ CO)	980	20,8
	4. fühlbare Wärme des Blasegases (500°)	318	6,8
	5. Verluste durch Strahlung, Leitung und Lässigkeit	515	10,9
	Summe:	4705	100,0

Wird das Blasegas zur Erzeugung von Dampf verwertet, so erhöht sich der Wirkungsgrad von 58,1 auf 77,5%.

Wassergas wird auch nach den Verfahren von Strache und Dellwick-Fleischer mit Hilfe von Stein- oder Braunkohlen hergestellt. In diesem Fall enthält das Wassergas noch das Entgasungsgas der Kohle. Die Entgasung der Kohle erfolgt in einer in oder auf dem Gaserzeuger eingebauten Retorte. Auch die Verfahren zur stetigen Erzeugung von Wassergas, das als Synthesegas verwendet wird, arbeiten mit Rohbraunkohle. Der zur stetigen Durchführung der Wassergaserzeugung notwendige Wärmebedarf wird bei dem Verfahren von Bubiag-Didier durch Außenbeheizung, bei den Verfahren von PATTENHAUSEN durch Verwendung von hoch überhitztem Wasserdampf, bei dem Verfahren von PINTSCH-HILLEBRAND durch hocherhitztes im Kreislauf umgewälztes Gas gedeckt. Das Verfahren von WINTERSHALL-SCHMALFELDT arbeitet mit feinkörniger wasserreicher Braunkohle, die durch Schwebetrocknung und Schwebevergasung vergast wird. Bezüglich der genaueren Beschreibung dieser Verfahren wird auf das einschlägige Schrifttum verwiesen[1].

49. Erzeugung von Oxygas. Werden die Braun- oder Steinkohlen mit O_2 und Wasserdampf in entsprechendem Gewichtsverhältnis vergast, so verläuft die Vergasung (s. Tabelle 32) exotherm, sie kann dementsprechend ununterbrochen durchgeführt werden. Wird dabei, wie es bei dem LURGI-Druckgasverfahren der Fall ist, auf 400 bis 500° überhitzter Wasserdampf verwendet und die Vergasung unter einem Druck von über 20 atü durchgeführt, so wird methanhältiges Gas erhalten, das nach der Entfernung von CO_2 und H_2S als Fern- und Stadtgas verwendbar ist. Das Methan des Gases entsteht, soweit es nicht dem Entgasungssgas der Kohle entstammt, durch die folgenden Reaktionen:

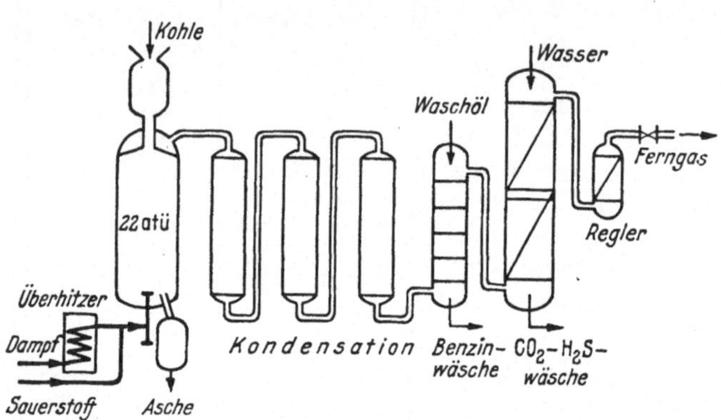

Abb. 9. Schema der LURGI-Sauerstoffvergasung.

$$CO + 3\,H_2 = CH_4 + H_2O \qquad 2\,CO + 2\,H_2 = CH_4 + CO_2 \qquad CO + 4\,H_2 = CH_4 + 2\,H_2O$$

Abb. 9 zeigt das Schema der LURGI-Sauerstoffhochdruckvergasung. Die Vergasung wird in einem Generator durchgeführt, der aus einem dünnwandigen, innen ausgemauerten Behälter aus Stahl besteht, der von einem zweiten druckfesten Behälter umhüllt wird. Der Zwischenraum bildet einen Wassermantel, der unter demselben Druck wie der Innenraum steht. Die zur Vergasung gelangende Kohle wird im lufttrockenen Zustand in einer Körnung von 2 bis 20 mm durch eine Druckschleuse in den Gaserzeuger gebracht. Die Asche wird durch einen rotierenden Aschenräumer in die Aschenschleuse befördert. Die Zufuhr des Vergasungsmittels, ein Gemisch von Sauerstoff und auf 480 bis 500° überhitzter Wasserdampf, erfolgt unter einem Druck von 22 atü zentral von unten. Die Vergasungstemperatur wird durch das Mischungsverhältnis von Sauerstoff und Wasserdampf geregelt. Das je nach dem Wassergehalt der Kohle mit 250 bis 350° austretende Rohgas wird durch fraktionierte Kondensation von Teer, Öl und Wasser befreit und bei 25° mit Waschöl zur Gewinnung des Gasbenzins gewaschen. Da auch diese Operation unter einem Druck von rund 20 atü erfolgt, so ergibt sich ein sehr guter Wirkungsgrad der Benzinwäsche. Das so gereinigte Rohgas hat die in der Tabelle 37 wiedergegebene Zusammensetzung. Dem Rohgas wird sodann unter dem gleichen Druck durch eine Wasserwäsche in einem mit Raschigringen gefüllten Turm die Kohlensäure und der Schwefelwasserstoff entzogen. Es ist ohne weiteres möglich, den Kohlensäuregehalt des Reingases dadurch auf rund 1% herabzudrücken. In Anpassung an die derzeitigen Güteansprüche wird jetzt im allgemeinen ein Reingas von der in der Tabelle 37 angeführten Zusammensetzung erzeugt.

[1] Trenkler, „Die Gaserzeuger", Springer: Berlin 1923, W. Gumz, Kurzes Handbuch der Brennstoff- und Feuerungstechnik, 2. Auflage, Springer: Berlin/Göttingen/Heidelberg 1952. W. Müller-Graf, „Kurzes Lehrbuch der Technologie der Brennstoffe", Verlag Deuticke, Wien.

Tabelle 37. *Zusammensetzung des Roh-, Rein- und Entspannungsgases.*

Gas	%								H_0
	CO_2	CO	H_2	CH_4	CnHm	O_2	N_2	H_2S	kcal/m³
Rohgas	32,4	13,6	35,1	15,4	0,9	0,2	0,8	1,6	—
Reingas	7,7	18,7	49,5	22,1	0,9	0,2	0,8	—	4319
Entspannungsgas	32,4	2,2	4,6	3,3	0,5	0,2	0,8	3,9	—

Das Waschwasser wird über einer Turbine entspannt, wobei ein Entspannungsgas der angeführten Zusammensetzung entsteht, das im Kesselhaus verfeuert wird. Das Wasser kehrt nach einer Belüftung im Kreislauf wieder zur Wasserwäsche zurück. Die letzten Reste des Schwefelwasserstoffes, 0,1 bis 0,3 g/m³, werden durch eine Trockenreinigung mit Lautamasse entfernt. Das Reingas gelangt sodann über einen Regler unter einem Druck von 18 atü in die Ferngasleitung. Der zur Vergasung benötigte 95%ige Sauerstoff wird in einer LINDE-FRÄNKELanlage erzeugt und durch zweistufige Kompressoren auf 23 atü komprimiert. Der Sauerstoffverbrauch je m³ Gas beträgt durchschnittlich 0,15 m³. Je Nm³ Gas werden für die Vergasung 1,10—1,5 kg Dampf benötigt. Die Einnahmen aus dem Verkauf des Teeres und Leichtöles decken nahezu ein Drittel der Ausgaben einschließlich Brennstoff. Das Verfahren ist für Braun- und Steinkohlen verwendbar. Bei der Vergasung der deutschen Braunkohlen und von Magerkohle wurden die folgenden Gasausbeuten und Heizwerte erzielt.

Brennstoff	Ausbringen Nm³/t	H_0 kcal/m³
Mitteldeutsche Braunkohle	930	5030
Oberlausitzer Braunkohle	1130	4730
Rheinische Braunkohle	1360	4300
Magerkohle	1650	4100

Die Vergasungsleistung des LURGI-Druckgaserzeugers ist sehr groß, es werden 750 kg/m² h vergast. Der Wirkungsgrad ist gering, da die fühlbare Wärme des Gases und Dampfes nicht ausgenützt werden kann; er beträgt:

62,2% gebundene Wärme des Lurgigases
14,3% gebundene Wärme des Teers und Benzins.

Das LURGI-Druckgasverfahren hat sich, auf Grund der Ergebnisse des 1939 errichteten Großgaswerkes Böhlen, als ein Verfahren erwiesen, das allen Vergasungsverfahren zur Stadt- und Ferngasversorgung eindeutig überlegen ist. Durch die Sauerstoffhochdruckvergasung wird der Aktionsradius der minderwertigen wasserreichen Braunkohlen wesentlich erweitert.

VIII. Entgasung der festen Brennstoffe.

50. Vorgänge bei der Entgasung der festen Brennstoffe. Die Vorgänge, die bei der durch Erhitzung unter Luftabschluß durchgeführten Entgasung (trockene Destillation) vor sich gehen, gleichen jenen, die bei der Inkohlung der organischen Restsubstanzen stattgefunden haben. Je nach der Höhe der Temperatur der Entgasung und deren Dauer wird der Sauerstoff und der Wasserstoff teilweise oder zur Gänze und der Kohlenstoff, Stickstoff und Schwefel teilweise abgespalten. Der feste Rückstand ist für jeden Fall sauerstoff- und wasserstoffärmer, dafür aber kohlenstoff- und aschenreicher als der rohe Brennstoff. Die einzelnen Bestandteile des Brennstoffes verhalten sich bei seiner trockenen Destillation wie folgt: Innerhalb der Temperaturen von 100 bis 250° verdampft die hygroskopische Feuchtigkeit des Brennstoffes und das gebundene Wasser des Gipses und der wasserhaltigen Silikate, falls diese in den mineralischen Bestandteilen des Brennstoffes vorhanden sind. Ab 150° wird ein Teil des Sauerstoffes, mit einem Teil des Wasserstoffes als Bildungswasser abgespalten, teilweise beginnt er in Form von CO_2 und CO zu entweichen. Das Verhältnis beider im Destillationsgas hängt von der Höhe des O_2-Gehaltes des Brennstoffes und der Temperatur ab. Je sauerstoffreicher der Brennstoff ist und je niedriger die Temperatur der Entgasung ist, um so größer ist der Anteil des in Form von CO_2 entweichenden O_2. Ab den Temperaturen von 300—350° setzt die teilweise Abscheidung des C und H_2 durch Bildung von CH_4 und anderen Kohlenwasserstoffen der Reihe C_nH_{2n+2} ein. Ab der Temperatur von 500° gehen die hochmolekularen Kohlenwasserstoffe dieser Reihe unter Abspaltung ihrer Endglieder mit 1—3 Atomen C im Molekül in ungesättigte Kohlenwasserstoffe mit niedrigem C-Gehalt über. Gleichzeitig werden Azetylenmoleküle durch Polymerisation zu Benzolmolekülen vereinigt. Auch Aethylen kann durch Polymerisation und Abspaltung von H_2 in Benzol übergeführt werden. Der dabei frei werdende H_2 wirkt teilweise auf die in dem Entgasungsgas vorhandenen Phenole, Kresole und Naphtole reduzierend ein und führt diese zum Teil in Benzol, Xylol, Naphtalin, Anthrazen und Phenantren über. Über 1000° zerfallen die Kohlenwasserstoffe in C und H_2, welcher Zerfall durch Katalysatoren (heiße Schamottewand) und durch den glühenden Koks beschleunigt wird. Für jeden Fall wird das Entgasungsgas mit steigender Entgasungstemperatur immer wasserstoffreicher und dafür kohlenwasserstoffärmer (s. Tabelle 19). Bei mehr als 1000° ist der Koksrückstand nahezu wasserstoff- und sauerstoffrei. Der N_2 beginnt ab 350° und zwar hauptsächlich als NH_3 zu entweichen. Die NH_3-Entwicklung geht am lebhaftesten bei den Temperaturen um 800° vor sich. Bei den hohen Temperaturen dissoziiert das NH_3 teilweise, der dabei frei werdende N und H_2 reagiert mit dem C unter Bildung von Blausäure (HCN). Der flüchtige S entweicht hauptsächlich als H_2S, der durch thermische Dissoziation teilweise in H_2 und S zerfällt, von welchen der S mit dem C und dem CO Schwefelkohlenstoff (CS_2) und COS bildet. Die wasserfreien mineralischen Bestandteile des Brennstoffes erleiden keine weiteren Veränderungen. Die Zusammensetzung des festen Rückstandes, des Teeres und des Gases hängt demnach außer von der Zusammensetzung des Brennstoffes wesentlich von der Temperatur ab, mit welcher er entgast wird. Die trockene Destillation der Brennstoffe ist im allgemeinen ein endothermischer, d. h. wärmebindender Vorgang; bei den jüngeren sauerstoffreichen Brennstoffen, bei denen der O_2 zum größten Teil als CO_2 abgespalten wird, kann dadurch so viel Wärme frei werden, daß die bei 300° eingeleitete Entgasung ohne weitere Wärmezufuhr fortschreitet.

51. Zweck der Entgasung und Entgasungsverfahren. Durch die Entgasung werden die natürlichen festen Brennstoffe in gasförmige, flüssige und feste Bestandteile zerlegt. Sie wird entweder wegen des festen Rückstandes oder wegen der gasförmigen oder flüssigen Destillate durchgeführt. Das Erzeugnis, das die Veranlassung zur Entgasung des festen Brennstoffes gibt, ist das Hauptprodukt, die beiden anderen sind Nebenprodukte. Die Gewinnung des festen Rückstandes verfolgt das Ziel, den Brennstoff durch seine Entgasung für bestimmte Zwecke verwendbarer zu machen. Es wird dies einmal dadurch erreicht, daß ihm durch die trockene Destillation die Ballaststoffe, Wasser, Sauerstoff, entzogen werden, wodurch sein Heizwert erhöht und außerdem seine rauchfreie Verbrennung ermöglicht wird. In anderen Fällen wird die Verwendbarkeit dadurch erzielt, daß durch die trockene Destillation seine physikalischen Eigenschaften verbessert werden. Gasförmige Destillate werden hergestellt, um ein Gas von hoher Heizkraft zu erhalten, das für die Versorgung der Städte mit Heizgas notwendig ist. Die trockene Destillation zur Gewinnung der flüssigen Destillate verfolgt das Ziel, der Kohle vor der Verbrennung die flüchtigen, flüssigen Bestandteile zu entziehen, die wertvolle Heiz-Treiböle und Rohstoffe für die organisch-chemische Großindustrie sind.

Die Höhe der Temperatur, bei der die Entgasung des festen Brennstoffes durchgeführt wird, richtet sich nach dem Zweck, zu welchem sie erfolgt. Nach der Höhe der Entgasungstemperatur werden die Entgasungsverfahren in drei Gruppen eingeteilt: 1. Tieftemperatur-Entgasung oder Verschwelung (Temperatur der trockenen Destillation unter 600°), 2. Mitteltemperatur-Entgasung oder Mitteltemperaturverkokung (600—800°); 3. Hochtemperatur-Entgasung oder Hochtemperaturverkokung (über 800°). Tabelle 38 gibt einen Überblick über die Zwecke, zu welchen die Verfahren der einzelnen Gruppen durchgeführt werden, welche Brennstoffe dafür herangezogen und welche Ausbeuten dabei an den festen, den flüssigen und gasförmigen Erzeugnissen durchschnittlich erzielt werden. Bei der Herstellung der Holzkohle ist in erster Linie auf die Einhaltung einer bestimmten Mindesttemperatur (370°) zu achten. Holzkohle, bei niederer Temperatur hergestellt, ist rötlich gefärbt, weich und für den Holzkohlenhochofenbetrieb nicht geeignet.

Bei der Gewinnung des Braunkohlenschwel- und des Urteeres ist darauf zu achten, daß die Schwelgase so rasch wie möglich dem Schwelofen entzogen werden, damit nicht durch ihre örtliche Überhitzung eine Zersetzung der wertvollen Leichtöle eintritt. Bei den Schwelölen mit Spülgasheizung ist diese Gefahr geringer. Es muß weiterhin darauf geachtet werden, daß der Teer möglichst staubfrei gewonnen wird. Vorteilhaft ist es, wenn der Schwelprozeß so durchgeführt wird, daß der Halbkoks in stückiger Form erhalten wird. Bei der Braunkohle ist dies durch die Brikettierung der Schwelbraunkohle zu erzielen. Bei der Steinkohle hängt der stückige Anfall des Halbkokses ab: von dem Backvermögen der Kohle, das mit zunehmendem Sauerstoffgehalt der Kohle abnimmt, der Geschwindigkeit der Erhitzung (langsame Erhitzung ist günstig), der Korngröße und Kornzusammensetzung und dem Gehalt der Kohle an Glanzkohle, Mattkohle und Fusit.

Für die Mitteltemperaturentgasung kommen nur Gasflammkohlen mit genügendem Backvermögen in Betracht. Der Gasflammkohle wird Magerkohle oder entgaste Kohle als Magerungsmittel beigemengt. Der Mitteltemperaturkoks hat eine Druckfestigkeit von 200 kg/cm², eine hohe Abriebfestigkeit und eine hohe Reaktionsfähigkeit, sein Zündpunkt kommt dem der Magerkohle gleich. Das Mitteltemperatur-Steinkohlengas hat einen Heizwert von 5600 kcal/m³. Die Mitteltemperaturvergasung hat bisher nur in geringem Ausmaße eine praktische Anwendung gefunden.

Bei der Leuchtgaserzeugung ist auf eine günstige Ausbeute an Leuchtgas zu achten. Um die Gaskohle möglichst vollkommen zu entgasen, wird bei hoher Temperatur möglichst lange entgast. Bei den Senkrechtöfen, die nicht stetig arbeiten, wird die Wärme des Gaskokses zur Wassergaserzeugung ausgenützt, indem nach der Entgasung Wasserdampf in die Retorte eingeblasen wird. Das Wassergas wird dem Leuchtgas beigemengt, es wird dadurch die Ausbeute an Gas bis auf 400 m³/t erhöht.

Bei der Zechenkokserzeugung ist außer auf die Einhaltung einer bestimmten für jede Kohle verschiedenen Entgasungstemperatur, auf den Aschen- und Schwefelgehalt der Kokskohle zu achten. Wird die Temperatur im Gassammelraum der Kammer durch besondere Heizgasführung (Differentialheizung nach Koppers) unabhängig von der Garungszeit auf der Temperatur der günstigsten Benzolausbeute (800—900°) gehalten oder wird das Gas durch Innenabsaugung entfernt, so erhöht sich die Benzolausbeute um bis zu 40% und die Teerausbeute um 10%, gleichzeitig steigt die Durchsatzleistung.

Die genauere Beschreibung der einzelnen Entgasungsverfahren und ihrer Apparate fällt nicht in den Rahmen dieses Heftes. Es muß diesbezüglich auf die einschlägige Literatur[1] verwiesen werden.

[1] W. Müller-Graf, „Kurzes Lehrbuch der Technologie der Brennstoffe" 3. Auflage 1949, Verlag Deuticke, Wien.

Tabelle 38. *Übersicht über die Verfahren zur Entgasung der festen Brennstoffe.*

Entgasungs- Art	Zweck	Rohstoff	Aggregatzust.	Haupterzeugnis Bezeichnung	Ausbring. kg o. m³/t % v. H_u	Nebenerzeugnis Bezeichnung	Ausbring. kg o. m³/t % v. H_u	Temperatur	Entgasungs- Einrichtung
Tief-Temperatur	Holzkohlenerzeugung	lufttr. Nadelhölzer	fest	Holzkohle	170—250 32—46	—	—	unter 550°	Meiler
				Retorten-Holzkohle	300—400 55—65	Holzteer	70—75 17—19	unter 400°	eiserne Retorte
						Holzessig	18—40 3—6		
						Holzgas	40—75 3—5		
	Torfkokserzeugung	lufttr. Torf	fest	Torfkoks	300—350 60—70	Torfteer u.-essig	55—70 12—17	unter 550°	eiserne Retorte
						Torfgas	100—150 8—12		
	Braunkohlenschwelteererzeugung	Schwelbraunkohle roh o. brikettiert	flüssig	Schwelteer	120—350 25—70	Grudekoks	100—200 15—30	unter 550°	Schwelofen mit Aussenheizung: Rolle-Geißen; Borsig-Geißen (35 t/24 h)
						Braunkohlengas	80—100 8—10		Innen-heiz.: Lurgispülgas 250t/24h
	Steinkohlenschwelteer (Urteer)-erzeugung	Flamm- od. Gasflammkohle	flüssig	Urteer	60—150 8—20	Halbkoks	650—700 65—75	unter 550°	eiserne Schwelöfen mit Außenheiz.: B. T. Verf. (100 t/24 h) Krupp-Lurgi (35—40t/24h)
				Gas-Benzin	4—5 0,6—0,7	Steinkohlengas	85—100 7—9		mit Spülgasheizg.: Kollergas G. Lurgiofenbau
	Erzeugung eines stükkigen, rußfrei brennenden Brennstoff.	Flamm- o. Gasflammstaubkohle	fest	Halbkoks	650—700 65—75	Gasbenzin	4—5 0,6—0,7		keram. Kammerschwelofen m. gem. Beheizung
			flüssig	Urteer	60—150 8—20	Steink.-schwelgas	85—100		
	Ölschieferteererzeugung		flüssig	Ölschieferteer	80—130 40—65	Ölschiefergas	dient z. Ret. Hzg.	unter 550°	eiserne Retorte
						NH^3 Wasser			
Mittel-Temperatur	Erzeugung eines dichten, festen, rußfrei brennend. Brennstoff.	feingemahlene Gasflammkohle	fest	Koks		Mitteltemp.-teer		600 bis 800°	waagrecht Kammerofen: (250—300 mm breit) Koppers
						Steinkohlengas			Didier-Otto (200 mm br.)
Hoch-Temperatur	Leuchtgaserzeugung	Gaskohle	gasförm.	Leuchtgas	280—340 18—22	Gaskoks	650—700 65—70	1000 bis 1100	Retorte: waagrecht
						Gasteer	40—50 5,5—7		Retorte: senkrecht; schräg
						Benzol	5—10 0,7—1,4		Kammeröfen: waagrecht; schräg
						Ammoniakwasser			
	Zechenkokserzeugung	Kokskohle	fest	Zechenkoks	700—800 70—80	Koksofenteer	25—30 3—4	800 bis 1000	waagrechte Kammeröfen
						Benzol	10—14 1,4—2		
						Koksofengas	250—300 15—18		
						Ammoniakwasser			

721/39/52

Einteilung der bisher erschienenen Hefte nach Fachgebieten (Fortsetzung)

II. Spangebende Formung (Fortsetzung)

III. Spanlose Formung

IV. Schweißen, Löten, Gießerei

(*Fortsetzung 4. Umschlagseite*)